杭商研究丛书

上善若水，上水惠民

杭州第二水源探索之路

周旭霞　陈明鑫　等　著

浙江工商大学出版社·杭州

图书在版编目(CIP)数据

上善若水，上水惠民 ：杭州第二水源探索之路 / 周旭霞等著. — 杭州 ：浙江工商大学出版社，2019.11

(杭商研究丛书)

ISBN 978-7-5178-3394-9

Ⅰ. ①上… Ⅱ. ①周… Ⅲ. ①水源－城市供水－研究－杭州 Ⅳ. ①TU991.11

中国版本图书馆 CIP 数据核字(2019)第 173794 号

上善若水，上水惠民：杭州市第二水源探索之路

SHANGSHAN RUOSHUI SHANGSHUI HUIMIN

HANGZHOUSHI DIER SHUIYUAN TANSUO ZHILU

周旭霞　陈明鑫 等 著

责任编辑　谭娟娟

封面设计　林朦朦

责任印制　包建辉

出版发行　浙江工商大学出版社

(杭州市教工路 198 号　邮政编码 310012)

(E-mail:zjgsupress@163.com)

(网址:http://www.zjgsupress.com)

电话:0571－88904980,88831806(传真)

排　　版　杭州朝曦图文设计有限公司

印　　刷　虎彩印艺股份有限公司

开　　本　787mm×1092mm　1/16

印　　张　12.75

字　　数　176 千

版 印 次　2019 年 11 月第 1 版　2019 年 11 月第 1 次印刷

书　　号　ISBN 978-7-5178-3394-9

定　　价　45.00 元

序　言

水是生命之源、文明之脉、生产之要和生态之基，看似取之不尽用之不竭，实则承受力有限，危机四伏。早在1977年联合国水资源会议上，科学家们就曾预见："水，不久将成为一个深刻的社会危机。"并向全世界发出严正警告：水危机是继石油危机之后的下一个危机，水将是21世纪最稀缺的战略资源之一。40多年过去了，这一预言已逐渐变成现实，且严峻性正在日益加剧。

素有"江南水乡"美誉的杭州，在经历30多年的快速发展和农村工业化后，水资源问题日益凸显：城市饱受着"工程性缺水"（局部资源性和水质性缺水）的困扰，陷入"水质性缺水"的窘境。21世纪以来，杭州通过实施西湖综合保护、西溪湿地综合保护、运河综合保护、河道有机更新、钱塘江水系生态保护五大系统工程，开展水源保护、截污纳管、河道清淤、引配水、生物防治等活动，疏通城市脉络，改善城市水质，保护和优化城市的自然生态和人文生态系统，有效解决现代城市不断扩张与自然生态日益萎缩的城市发展矛盾。但随着城市化的不断推进与经济的飞速发展，环境压力与日俱增，城市饮用水安全依然存在着较大的隐患，甚至陷入水乡人无合格饮用水源的尴尬境地。

水安则邦安，水兴则邦兴。水安全问题已引起中央的高度重视，2011年中央"一号文件"《中共中央国务院关于加快水利改革发展的决定》（后简称《决定》）全面系统地部署了水利改革发展工作。《决定》开篇直言：加快水利改革发展，不仅事关农业农村发展，而且事关经济社会发展全局；不仅关系到防洪安全、供水安全、粮食安全，而且关系到经济安全、生态安全、国家安全。《决定》强调，要着力解决工程性缺水和资源性缺水问题，在优先解决原规划内农村人口饮水不安全问题的基础上，着力解决新增饮水不安全问题，让人民群众早日喝上足量、洁净、便捷的健康水。

位于浙江省淳安县境内的千岛湖，是为建造新安江水力发电站拦坝蓄水而形成的人工湖，湖区面积573平方千米、正常湖区高水位108米、库容量为178.4亿立方米。千岛湖湖水清澈，水质稳定，味道甘洌，能见度平均为7米以上，水质达到国家I类地面水标准，是目前华东地区最大的清洁水源地，是公认的城乡最理想的水源，是杭州市“第二水源地”的最佳选择。2013年国务院批复了《千岛湖及新安江上游流域水资源与生态环境保护综合规划》，可见对水资源水环境的综合保护与生态文明建设已上升到国家战略的高度。

“上善若水，上水惠民”，鉴于水对人民生活不言而喻的极端重要性，杭州市第二水源千岛湖配水工程被列入浙江省“五水共治”十大水利枢纽重点项目、杭州市委十一届六次全会“杭改十条”重大项目，也是杭州市“五水共治”中“保供水”的核心工程。第二水源千岛湖配水工程是关系杭州近千万人民饮水安全、健康及钱塘江水资源科学配置的重大民生工程；是“打造东方品质之城、建设幸福和谐杭州”和“打造美丽杭州，争创美丽中国先行区”的重要举措。可见，其对杭州社会经济发展意义重大。

杭州市社科院积极发挥“新型智库”的作用，承担了工程必要性论证、供水方式和融资方式等研究任务。由于该工程项目涉及面广、投资规模大、社会关注度高。自2011年开始，社科院课题组在原辛薇院长等院领导的带领下，在杭州市林水局原周定炎局长、胡洪志副局长的指导下及在浙江省水利水电勘测设计院、浙江大学李金珊教授（本书第三篇由李金珊教授的课题组撰写）的协同下，通过实地走访、问卷调查、召开座谈会、专家评估论证、听证会及舆情分析等多种形式，了解相关部门、工程沿线当地政府、村民代表及相关领域专家的意见和建议，进行深入细致的调查，掌握第一手资料，形成了高质量的研究报告，为杭州市第二水源千岛湖配水工程的启动提供了智力支持。

杭州市第二水源千岛湖配水工程于2014年动工，预计2019年将全线贯通。上善若水，上水惠民，为了纪念，笔者将杭州市第二水源千岛湖配水工程的前期报告进行整理，形成本著作。

由于水平有限，有不妥之处恳请读者指正。

周旭霞
2019年3月于杭州

目录

第一篇　杭州市第二水源千岛湖配水工程必要性论证报告

第三篇　杭州市第二水源千岛湖配水工程投融资研究

◎ 第一篇

杭州市第二水源千岛湖配水工程必要性论证报告

第一部分　杭州市城市饮用水状况

人类因水而生存，因水而发展。随着经济社会的快速发展，我国用水需求不断增加。尽管供水量从1980年的4437亿立方米增加到2009年的5965亿立方米，但目前全国仍然缺水500亿立方米左右，水资源短缺对我国经济社会发展的制约作用日益凸显。因而，科学用水已成为急需破解的难题。

一、浙江省水资源的供需矛盾

经济增长与水资源变化，往往朝着截然相反的方向演进。浙江省是全国经济发达的省份之一，水资源供需矛盾非常突出，主要表现在以下几方面。

（一）水资源匮乏问题日益突出

缺水正在成为浙江省继“地荒”“电荒”之后面临的又一大难题，安全用水已关系到浙江省经济社会可持续发展的大局。

1. 资源性缺水问题较为严重

浙江省单位面积水资源量虽居全国第4位，但人均水资源量只有2070立方米，比全国平均水平低8%左右，只有世界人均水资源量的1/4左右，已接近国际公认的人均1700立方米的缺水警戒线。2010年，浙江省水资源需求缺口达到55亿立方米，占当年需水量的16.8%。据专家预测，2020年浙江省的缺水量将达67亿立方米，占当年需水量的18.3%。

2. 区域性缺水矛盾突出

海岛水荒、濒海地区与中西部地区水资源紧缺并行，构成浙江省区域性缺水矛盾。全国47个海岛县，浙江省占了13个。遇干旱年份，浙江省水资源有限，要靠船从大陆运水。舟山本岛大陆配水工程2005年夏天应急通水，才缓解了水荒；浙江省宁台温等地人口密集，经济发达，对水资源需求增长快而水资源相对不足；义乌和永康等浙中城市，经济发展势头强劲，水资源已经成为制约城市发展的瓶颈；即便是处于钱塘江源头的衢州，在 2005 年大旱中也出现用水紧张状况。

3. 水质性缺水威胁水源

为获得水质好、污染少、水量稳定的饮用水源，浙江省 60 座县级以上城市从 20 世纪 80 年代末以来纷纷由从河道取水转向从水库取水。平原河网地区，合格饮用水源稀缺，同时全省水污染对饮用水源的威胁，呈现出从平原河网地区上溯到丘陵山区的趋势，甚至连水库水源也面临污染的威胁。

（二）水资源分布很不均衡

浙江省水资源的分布很不均衡。杭嘉湖、萧绍宁、温台平原及舟山群岛等地区，人口集中，经济发达，经济总量占全省的 70%以上，但水资源仅为全省总量的 20%左右。

1. 供水水源与网络不匹配

城市供水水源单一，水源调节余地少，若遇到干旱年份，水源会相当紧缺；供水系统显得较为脆弱，抗风险能力差；尚未形成跨行政区域互调互济网络化的供水管网，即使在本行政区域内，小水厂多而分散，供水管网也未联网。

2. 城乡供水一体化程度低

全省尚有部分农村人口未喝上自来水，其中半数以上人饮用的水的质量不达标，更有 110 万人饮水有困难；已有农村小水厂供水保障率和水质保障率低。另外，农业灌溉方式落后，仍以大水漫灌方式为主，高效灌溉设施和技术仍未在农村普及。

3. 钱塘江河口优质水缺乏

钱塘江河口亦是浙江省最大的河口，主要包括浙东（萧绍宁舟）和浙北（杭嘉湖），是浙江省经济、社会发展最快的地区。近 20 年来，历来水量丰富、取水方便的杭嘉湖平原，生活、工业取水水质均不能得到保证。随着人们生活质量日益提高，对水质、水环境景观和生态用水提出了更高的要求，相继提出了从钱塘江上游的新安江和富春江配水的要求。为此，浙东地区采取了海底输水周济舟山地区，合理配置姚江和曹娥江水资源供给萧绍宁地区。但由于总量上仍不能满足经济社会发展的需求，才有了从钱塘江口调水加以解决的方案。

二、杭州市饮用水质基本情况

杭州市地处长江三角洲南翼，位于浙江省北部，属杭嘉湖平原的西南翼。杭州本级十区（杭州市区）、桐庐县、建德市和淳安县，共下辖73个街道、128个乡镇。据2010年全国第六次人口普查，全市常住人口为870.04万人，总耕地面积为351.19万亩，农田有效灌溉面积达259.92万亩，其中水田211.76万亩。

杭州河湖水系分属太湖流域和钱塘江流域，境内有钱塘江、东苕溪、京杭大运河、萧绍运河和上塘河等江河。

（一）杭州市水源地水质

杭州共有大小河道1449条，总长度7484千米。杭州市主城区有两大供水水源：一个是位于城市南部的钱塘江，另一个是位于城市北部的东苕溪。

1. 钱塘江水源地水质

杭州市区供水水源，主要取自闻家堰以下的钱塘江杭州河段。钱塘江杭州市区饮用水水源保护段总体为Ⅱ—Ⅲ类水体，基本符合国家饮用水标准，但个别段的污染物指标较差，低于Ⅲ类水标准。钱塘江干流杭州市区段设有多个水质监测断面，浙江省水文勘测局对钱塘江40个重点水功能区定期进行水质监测与评价，表1-1是钱塘江水系2007—2009年的水质情况。如2009年11月—12月，水文勘测局对钱塘江40个重点水功能区进行了水质监测与评价，其中水质达标的水功能区17个，占总数的42.5%。水功能区总评价河长为653.6千米，达标河长为258.8千米，占评价河长的39.6%；湖（库）评价面积为63.12平方千米，达标面积为26.51平方千米，占评价面积的42.0%。

表1-1 钱塘江水系水质情况（2007—2009）

参与评价时间	参与评价水功能区（个）	水质达标水功能区（个）	达标比例	水系超标项目
2009年11月—12月	40	17	42.5%	总磷、氨氮、溶解氧、五日生化需氧量、高锰酸盐指数
2009年3月—4月	40	28	70%	总磷、氨氮、溶解氧、五日生化需氧量、高锰酸盐指数，个别河段的挥发酚
2008年11月—12月	40	5	33.3%	总磷、氨氮、溶解氧、五日生化需氧量、高锰酸盐指数、氟化物，个别河段的挥发酚、六价铬
2008年3月—4月	40	19	47.5%	氨氮、总磷、五日生化需氧量、溶解氧、高锰酸盐指数，个别河段的氟化物、六价铬
2007年11月—12月	40	18	45%	氨氮、溶解氧、总磷、五日生化需氧量、高锰酸盐指数、氟化物，个别河段的砷、挥发酚、锌
2007年3月—4月	40	22	55%	氨氮、总磷、高锰酸盐指数、五日生化需氧量、溶解氧，个别河段的氟化物、锌、汞

资料来源：《浙江省重点水功能区水资源质量通报》（2010年）。

根据袁浦（闻家堰）、闸口、七堡、珊瑚沙4个监测站点每月监测一次的资料，取年平均值作为各监测断面整体水质指标。从分析结果可知，钱塘江水质基本为Ⅲ—劣Ⅴ类，Ⅳ类居多，水环境污染以有机类为主，主要污染指标为溶解氧、总磷、氨氮。根据4个断面各监测值分析，钱塘江Ⅱ类水质达标率为3.9%，Ⅲ类及以上水质达标率为35%，见表1-2。

表1-2 钱塘江干流监测评价结果（2007－2009年）

监测点	分期	Ⅱ类	Ⅲ类	Ⅳ类	Ⅴ类	劣Ⅴ类
珊瑚沙	汛期	—	10	19	5	1
	非汛期	2	13	16	1	2
	小计	2	23	35	6	3
闻家堰	汛期	—	6	23	7	—
	非汛期	3	11	14	3	2
	小计	3	17	37	10	2

续 表

监测点	分期	Ⅱ类	Ⅲ类	Ⅳ类	Ⅴ类	劣Ⅴ类
闸口	汛期	—	4	15	3	1
	非汛期	2	10	7	3	—
	小计	2	14	22	6	1
七堡	汛期	1	4	3	2	2
	非汛期	—	6	1	2	2
	小计	1	10	4	4	4
合计		8	64	98	26	10
比例		3.9%	31.1%	47.6%	12.6%	4.9%

资料来源:《浙江省重点水功能区水资源质量通报》(2010 年);其中“—”指无数据,下同。

2. 东苕溪水源地水质

东苕溪发源于临安东天目山,主干上游称南曹溪,汇合中、北苕溪后称东苕溪,东流至上牵埠处折北经奉口过德清导流港入太湖,全长 151 千米,流域面积为 2265 平方千米。杭州市余杭区饮用水供水水源主要来自东苕溪,表 1-3 是对苕溪 15 个重点水功能区水质监测与评价的结果。如 2009 年 11 月—12 月,苕溪水质达标的水功能区有 6 个,占总数的 40%。水功能区总评价河长为 190.7 千米,达标河长为 116 千米,占评价河长的 60.8%;湖(库)评价面积为 23.2 平方千米,达标面积为 15.2 平方千米,占评价面积的 65.5%。东苕溪祥符水厂原取水口祥符桥水质污染严重,1988 年迁至新塘河的宦塘,后移至奉口,奉口泵站于 1993 年竣工投产。现在,当太湖水位高于东苕溪水位时,太湖水上溯直至瓶窑以上,此时奉口取水多为太湖过导流港的来水。

表 1-3 苕溪干流水质情况(2007—2009 年)

参与评价时间	参与评价水功能区(个)	水质达标水功能区(个)	达标比例	水系超标项目
2009 年 11 月—12 月	15	6	40%	氨氮、总磷、五日生化需氧量
2009 年 3 月—4 月	15	11	73.3%	总磷、氨氮
2008 年 11 月—12 月	15	5	33.3%	总磷、氨氮、五日生化需氧量

续 表

参与评价时间	参与评价水功能区（个）	水质达标水功能区（个）	达标比例	水系超标项目
2008年3月—4月	15	6	40%	总磷、氨氮、高锰酸盐指数、五日生化需氧量、溶解氧
2007年11月—12月	15	9	60%	总磷、高锰酸盐指数，个别河段的氨氮、五日生化需氧量
2007年3月—4月	15	4	26.7%	总磷、氨氮、高锰酸盐指数、五日生化需氧量、溶解氧，个别河段的汞

资料来源：《浙江省重点水功能区水资源质量通报》(2010)。

另外，供水水源取自东苕溪奉口、瓶窑等取水口。根据奉口、瓶窑2008—2011年水质监测资料，东苕溪水质基本为Ⅱ类—劣Ⅴ类（表1-4），Ⅲ类水居多，水环境污染以有机类为主，主要超标指标为溶解氧、总磷、氨氮等。东苕溪Ⅱ类水质达标率为22.5%，Ⅲ类及以上水质达标率为68.6%。

表1-4 东苕溪水质监测评价结果(2008—2011年)

监测点	分期	Ⅱ类	Ⅲ类	Ⅳ类	Ⅴ类	劣Ⅴ类
奉口	汛期	2	6	15	—	—
	非汛期	6	14	—	—	1
	小计	8	20	15	0	1
瓶窑	汛期	3	9	10	1	—
	非汛期	9	12	1	—	—
	小计	12	21	11	1	0
合计		20	41	26	1	1
比例		22.5%	46.1%	29.2%	1.1%	1.1%

资料来源：《浙江省重点水功能区水资源质量通报》。

钱塘江、东苕溪饮用水水源保护段水质整体上可达到国家《地面水环境质量标准》(GB3838－88)Ⅲ类水体（不计总磷、总氮等），个别污染物水质指标较差；杭州市作为饮用水源的钱塘江取水口水质除总氮、总磷和溶解氧指标外，东苕溪奉口除总氮、溶解氧和氨氮指标外，其他指标相对较好；从整体水质来看，钱塘江稍好，东苕溪较差，但基本可满足一般供水水质的要求；水环境污染以有机类为主，主要污染指标为石油类、非离子氨、总磷、总氮、生化需氧量和高锰酸盐指数等。

3. 水源地水质变化趋势

由于水源地上游与流域经济的快速发展，污废水排放量逐年增大，水污染治理又相对滞后，对钱塘江、东苕溪水质带来较为严重的影响。在水质变化趋势上，主要污染物高锰酸盐指数和氨氮的数值都呈上升趋势，其中氨氮数值上升趋势明显，溶解氧数值呈降低的趋势。

浙江省水利厅《浙江省重点水功能区水资源质量通报》(2009 年第 6 期)发布的《重点城市供水水源地水质状况》表明：参与评价的 19 个重点城市供水水源地水功能区中，劣于地表水环境质量Ⅲ类标准的有 3 个，杭州市闸口和珊瑚沙水源地就在其中。杭州市闸口、珊瑚沙水源地主要超标项目为溶解氧，检测项目中锰含量超集中式生活饮用水地表水源地补充项目标准限值；同时，杭州市奉口水源地检测项目中铁、锰含量超集中式生活饮用水地表水源地补充项目标准限值。

(二)杭州水资源供需问题

1. 杭州水资源现状

杭州属典型的季风气候，多年年平均降水量为 1553.8 毫米，总趋势从西部山区向东部平原递减，多年年平均水资源总量为 143.42 亿立方米。2004—2013 年，全市大中型水库年均总蓄水量为 139.60 亿立方米，总体趋于平稳；人均水资源量为 1907 立方米，低于全省人均水资源量 2637 立方米和全国人均水资源量 2200 立方米的水平，10 年间甚至有 5 年低于国际公认的 1700 立方米缺水警戒线(图 1-1)，呈现“中度缺水”状况。作为江南水乡的杭州，水资源形势十分严峻。

2. 杭州水资源供给状况

2004—2013 年杭州主城区水资源紧缺，人均水资源为 1697 立方米，低于全国人均水资源量 2200 立方米的水平，也低于国际上公认的 1700 立方米的缺水警戒线。市区西部和北部区域水资源短缺现象更为严重。2004—2013 年，杭州市年均供水量为 53.5 亿立方米，总体略呈递增趋势，平均总耗水量为 21.6 亿立方米，平均退水量为 11.9 亿立方米，基本趋于稳定，具体如图 1-2 所示。

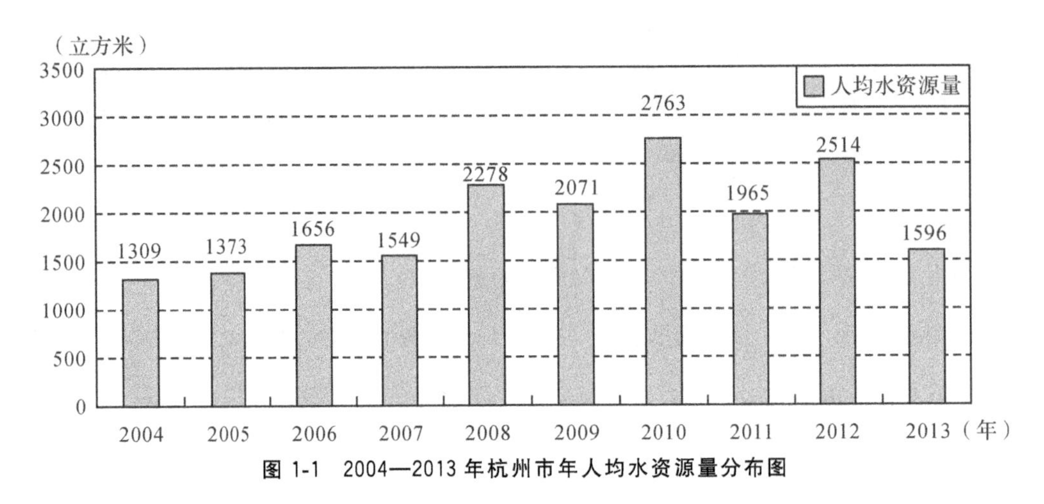

图 1-1　2004—2013 年杭州市年人均水资源量分布图

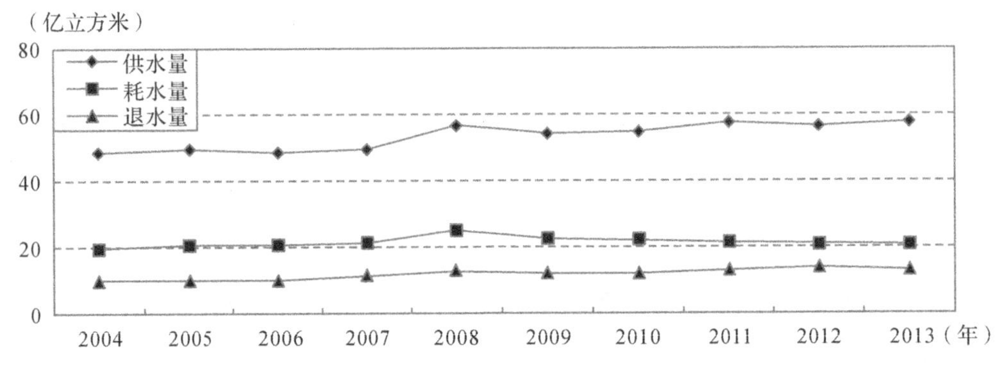

图 1-2　2004—2013 年杭州市年均供水量、耗水量和退水量分布图

但杭州在 2009—2013 年的年均耗水率明显高于前 5 年，表明近年来水资源利用效率有所下降(图 1-3)，而且年均退水量均占全省 20%以上，为全省最高值，表明杭州生产生活废水处理形势依然严峻。

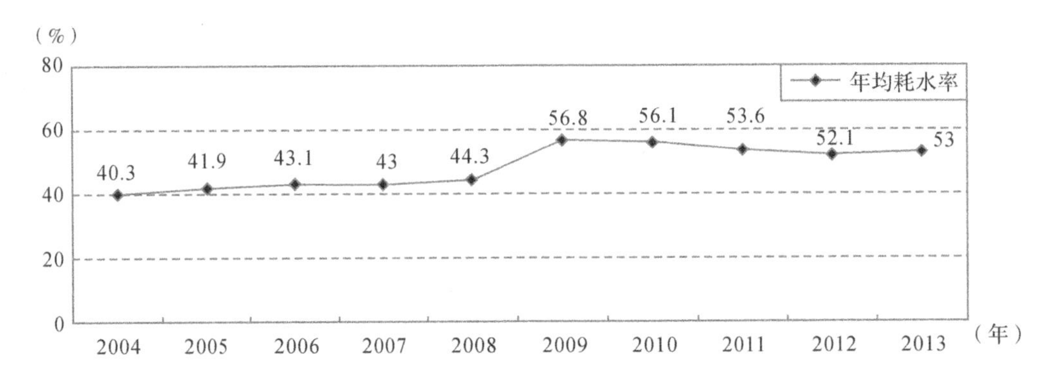

图 1-3　2004—2013 年杭州市年平均耗水率分布图

2013年，杭州市总供水量为57.77亿立方米，其中地表水源供水量为57.28亿立方米（占99.2%），地下水及其他水源供水量为0.49亿立方米（占0.8%）；全市总用水量为57.77亿立方米，其中生产用水量为29.73亿立方米（占51.5%），生活用水量为8.40亿立方米（占14.5%），生态用水量为0.91亿立方米（占1.6%），环境配水用水量为18.73亿立方米（占32.4%）（图1-4）。

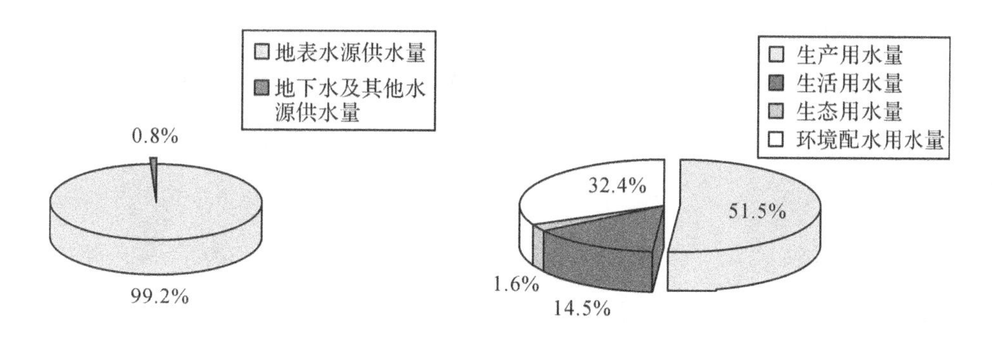

图1-4 2013年杭州市总供水量与总用水量分布图

综上所述，杭州过境水资源丰富而淡水资源并不富裕，供需矛盾依然突出。2013年，杭州市区人口占全市的近1/2，而水资源总量只占全市的1/10。另外，城乡污水收集系统配套不足，污水管网和泵站设施建设滞后，雨污不分流现象普遍，全市仍有50多条河道存在黑臭现象，农村河道"水浑、水脏"的问题依然存在。全市常年70%以上的降水量又集中在6—9月的梅汛和台汛季节，雨水来得快、下得猛、留不住，境内有市岭和西天目两个暴雨中心，极易造成洪涝台旱灾害。城市供水水源80%取自钱塘江、20%取自东苕溪。其中，钱塘江水源补给2/3来源于上游其他地市，且易受咸潮影响；东苕溪2/3水量由太湖倒灌补水，水质较差，城乡饮用水安全存在重大隐患。城镇公共供水管网漏损率居高不下，民众在生产生活用水方面均不同程度存在浪费现象。

（三）水资源供需平衡问题分析

当前杭州市水资源的供需平衡主要存在三方面的问题。

一是城市供水水源安全问题对上游水库调度运行方式高度依赖。钱塘江干流自富春江坝址以下为感潮河段，该河段的水质、水量受新安江水库、兰江来水和富春江水库下泄水控制，下游受钱塘江涌潮、江道形势等因素影响。除水质因素外，新安江水库的调度运行方式也是关键因素，咸潮是杭州市区供水的控制因素。

二是特殊枯水年份用水面临危机。比如2003年因连续高温、干旱少雨，以及其他因素，富春江水库9—11月的下泄流量的平均值仅为224立方米/秒，而11月下泄流量的月平均值仅为173立方米/秒，已突破95%保证率下泄流量200立方米/秒的底线，使得杭州市区钱塘江各取水口的咸度在大潮期间超标时间长，这影响到几百万市民的生活和生产用水，一度供水危机严重。

三是城市供水安全性和抗风险能力不高。杭州市区、桐庐、嘉兴水源地均为敞开式河道，可直接取水，但水质不稳定，水源地的抗风险能力非常脆弱。尽管杭州市已在建设闲林水库作为应急备用水源，但闲林水库库容有限，备用时间仅为3—5天，而余杭、萧山现有备用水源还有待进一步完善。桐庐、富阳目前还缺少第二水源保障，以致发生突发水污染事件时，水厂不得不停水，这给群众生活生产造成重大影响。

水是影响社会发展和人类进步的不可缺少的自然资源，是生态环境系统中最活跃和影响最广泛的因素；水也是自然界中的基本要素，是一切生物生存和社会发展的必要条件。杭州是浙江省省会城市，是全省政治、经济、文化中心。随着环杭州湾产业带、杭州产业区的建设，杭州在全省改革开放、接轨上海及新一轮经济发展和率先基本实现现代化的进程中，具有举足轻重的地位。同时，随着杭州市工业化与城市化进程的加快、人民生活水平的不断提高，以及经济的迅猛发展，又由于水资源是经济社会发展中具有基础性、全局性和战略性的重要资源，供水问题将直接影响全市人民群众生活质量和经济社会的可持续发展。

(四)对优质饮用水源的渴求

1.杭州水资源的需求特点

钱塘江河口区域人口密集，具有非常有利的优势条件，在浙江省经济与社会发展中具有重要的战略地位。一是人口密度大。钱塘江河口区分属杭州、绍兴、宁波、嘉兴四市，土地面积达 20 700 平方千米，占全省土地面积的 20%；总人口为 1580 万，占全省的 35%。二是经济发达。浙北地区位于繁荣兴旺的长江三角洲经济开发区南翼，是浙江省经济最发达的地区之一，在浙江省的经济发展中具有重要地位。三是粮食基地。浙北地区是重要的粮食生产基地，对我国近期粮食产量增长的贡献率非常大。除此以外，该区还拥有丰富的能源和矿产资源。

随着社会经济的发展和人民生活水平的提高，城市化进程逐年加快，嘉兴市和杭州湾两岸平原需水量也在逐年增加；地区水资源分布与经济分布不相匹配，用水供需之间矛盾逐渐增大；生活、生产和水环境用水组成的需求结构也在发生变化；杭州市钱塘江取水口在旱季受咸潮影响，杭城出现较大范围的降压供水情况；苕溪取水口水质差（水质主要为Ⅲ类水），水量也不能满足需要，使企业和老百姓的正常生产、生活受到影响。

2. 国内主要城市水源地情况

我国省会城市和副省级城市中，水源地以水库居多。如表 1-5、表 1-6 所示，只有南京、杭州、西安和成都等城市的水源地仍然在江河，并且唯有南京和杭州两个城市是取江河下游的水。

表 1-5　2013 年我国省会城市水源地汇总

序号	省	省会	水源地	备注
1	河北省	石家庄	水库	
2	山西省	太原	地下水	
3	辽宁省	沈阳	水库	
4	吉林省	长春	水库	
5	黑龙江省	哈尔滨	水库	
6	山东省	济南	水库	
7	江苏省	南京		长江南京段大胜关水道（夹江）（下游取水）
8	浙江省	杭州		钱塘江（流域下游取水）、苕溪
9	安徽省	合肥	水库	

续　表

序号	省	省会	水源地	备注
10	福建省	福州	水库	
11	台湾省	台北	水库	
12	江西省	南昌		赣江（上游取水）
13	河南省	郑州	水库	
14	湖北省	武汉	水库	
15	湖南省	长沙	水库	
16	广东省	广州	水库	
17	海南省	海口	水库	
18	四川省	成都		沙河（上游取水）
19	贵州省	贵阳	水库	
20	云南省	昆明	水库	
21	陕西省	西安		终南山黑河（上游取水）
22	甘肃省	兰州	地下水	
23	青海省	西宁	水库	

资料来源：水利部网站。

表 1-6　2013 年我国副省级城市水源地汇总

序号	城市	水源地	备注
1	沈阳	水库	抚顺大伙房水库
2	长春	水库	石头口门水库、新立城水库、城区地下水和引松入长一、二期工程
3	哈尔滨	水库	西泉眼水库、磨盘山水库
4	济南	水库	卧虎山水库、锦绣川水库、狼猫山水库、玉清湖水库和鹊山水库、地下水
5	南京		长江南京段大胜关水道（夹江）（下游取水）
6	杭州		钱塘江（流域下游取水）、苕溪
7	西安		终南山黑河（上游取水）
8	成都		沙河（上游取水）
9	广州	水库	西江配水工程、浏渥洲、沙湾水道
10	武汉	水库	
11	大连	水库	碧流河水库、英那河水库、朱隈子水库、转角楼水库
12	青岛	水库	崂山水库、棘红摊水库、大沽河水源地、吉利河水库、小珠山水库和书院水库

续　表

序号	城市	水源地	备注
13	宁波	水库	白溪水库、钦村水库等
14	厦门	水库	九龙江北溪配水工程、坂头水库、汀溪水库等
15	深圳	水库	梅林水库、长岭陂水库、西丽水库

资料来源：水利部网站。

3. 急需寻找新的水源

随着环杭州湾地区经济的快速发展，杭州在浙江省基本实现现代化进程中的地位愈显举足轻重，杭州市与国际先进水平接轨的愿望愈加迫切，对优质水资源的要求日益提高，特别是对洁净饮用水的要求越来越高。

为了缓解水资源的紧张状况，推动社会经济发展，保证城市正常生产、生活供水，相关人员除了大力抓节约用水和保护现有水资源外，必须再寻找新的水源点，实施跨地区、跨流域调水工程。

配水工程对杭州彻底消除咸潮等对供水的影响，提高城市饮用水水质，加快发展优质直饮水入户并创建“蓝天、碧水、绿色、清静”的人居环境将是一个有力的促进；不仅可以从根本上让杭州摆脱饮用水源差的现状，大大提高城乡居民的饮用水质量，提高人民生活质量，而且对控制大规模地面沉降、遏止环境地质问题的进一步加剧、修复良好水生态系统能起到重要作用。总之，配水工程对于杭州经济社会的可持续发展具有十分重要的意义。

第二部分　水源水质及流域治理

钱塘江是浙江省第一大河，流域面积占浙江省总面积的47.2%，以其壮观的钱塘江河口涌潮和独特的人文景观闻名中外。钱塘江闻家堰断面以下的地区为受潮汐影响的河口地区，占全省土地面积的20%。如今，河口地区是浙江省乃至全国经济最发达的地区之一，城市化水平高，但资源性缺水与水质性缺水两类问题并存，水资源供需矛盾突出。因此，从构建和谐社会及建设小康社会的需要出发，以科学发展观为指导，妥善协调生活、生产、生态用水，依法保护、合理开发、大力节约水资源，提高钱塘江水资源利用效率和效益，具有重要的现实意义。

一、钱塘江水质变化趋势

钱塘江流域是浙江省八大水系之一，也是浙江省第一大河，其干流长668千米，流域面积为55 558平方千米，其中在浙江省境内的有48 080平方千米，占全省陆域面积的47%。浙江省境内钱塘江流域面积达100千米以上的支流有123条，其中一级支流51条，二级支流46条，三级支流23条，四级支流3条。钱塘江流域水资源量占全省总量的40%以上。

钱塘江是杭州市区的主要饮用水水源地，有南、北两源：北源新安江、南源兰江。两江在梅城汇合后称富春江，经富春江水库后向东北流经桐庐县、富阳区至萧山东江嘴右纳浦阳江后称钱塘江，在澉浦以下的入杭州湾，至上海市芦潮港闸与宁波市外游山连线的断面注入东海。钱塘江从珊瑚沙至南星桥江段长约8千米，杭州市区的清泰、赤山埠、南星和九溪4个水厂一般在该江段的南星桥、闸口白塔岭及珊瑚沙的江边（饮用水一级保护区范围内）取水，日取水量占市区饮用水源总量的70%以上。由于钱塘江含盐度高，而南星、赤山埠、九溪水厂的取水口均在闻家堰以下段，钱塘江咸潮对水厂取水水质的影响较大，故在咸潮期间，南星等3个水厂从抗咸工程珊瑚沙水库取水。

(一)钱塘江水环境质量现状

钱塘江被誉为浙江省母亲河，是杭州等城市的“大水缸”。钱塘江流域内由于上游地区经济发展快速，废污水排放量增大，但污染治理相对滞后，已对水质造成严重的影响。上游金华江、东阳江、兰江、南江、武义江和浦阳江等地区污染严重，水质以IV类和劣V类为主。由于现有的污水处理厂普遍缺乏脱氮除磷设施，氨氮和总磷超标较为严重，多个湖库水体出现富营养化现象。由于杭州市区范围内的居民饮用水来源自这条大江，饮用水安全存在较大的隐患，随时危及全市几百万人生活和生产用水。

根据《浙江省水资源公报》，纵观2003—2009年钱塘江水系水质的变化，改观程度并不大(表1-7)。如用评价功能达标率来衡量的话，2003年5—6月的达标率是58.8%，2009年3—4月份的达标率是70%，11—12月份只有42.5%，平均为56.25%。

表1-7 2003—2009年钱塘江水系水质情况

年份	月份	评价功能区数	达标数	达标率(%)
2009	11—12	40	17	42.5
	3—4	40	28	70
2008	11—12	40	26	65
	7—8	40	27	67.5
2007	11—12	40	18	45
	7—8	40	21	52.5
2006	11—12	28	19	67.9
	7—8	28	18	64.3
2005	11—12	21	12	57.1
	7—8	21	10	47.6
2004	11—12	21	11	52.4
	9—10	21	9	42.9
2003	5—6	17	10	58.8

资料来源：《浙江省水资源公报》(1998—2009)。

（二）钱塘江流域水质的变化

根据浙江省水环境监测中心1998—2010年对钱塘江水系部分水质断面的实测结果，以及太湖水资源保护局和浙江省环境监测中心站、建德环境监测站的监测资料，本书选择有机类污染主要指标高锰酸盐指数、溶解氧和氨氮作为各水源地水质变化与趋势分析的参数，分别对新安江水库、新安江坝下段、兰江、富春江、钱塘江和南太湖历年水质变化趋势进行分析。具体见表1-8至表1-11。

表1-8　水质变化趋势分析结果表（1998—2010年）

备选水源地	代表断面	水质监测资料年份	趋势分析结果			
			高锰酸盐指数	溶解氧	氨氮	总体趋势
新安江水库	街口	1998—2010	下降（较优）	显著上升（优）	显著下降（优）	变优
	三潭岛	1998—2010	下降（较优）	上升（较优）	显著下降（优）	变优
新安江坝下段	电厂桥	1998—2010	无明显	无明显	显著下降（优）	略呈变优
	梅城	1998—2010	无明显	显著下降（差）	显著上升（差）	略呈变差
兰江	三河	1998—2010	上升（较差）	下降（较差）	显著上升（差）	变差
富春江	富阳	1998—2010	上升（较差）	下降（较差）	显著上升（差）	变差
钱塘江	闸口	1998—2010	上升（较差）	显著下降（差）	显著上升（差）	变差
南太湖	吴溇	1998—2010	下降（优）	下降（较差）	显著上升（差）	不显著

资料来源：《浙江省水资源公报》（1998—2010）。

表1-9　1998年钱塘江流域水质评价表

	Ⅰ类水	Ⅱ类水	Ⅲ类水	Ⅳ类水	Ⅴ类水	劣Ⅴ类水
枯水期	0.5%	12.8%	41.5%	18.3%	15.0%	11.9%
丰水期	0	25.1%	46.1%	15.5%	1.4%	11.9%
全年期	0.5%	21.4%	43.4%	13.9%	9.0%	11.9%

资料来源：《浙江省水资源公报》（1998）。

注：参加评价的河段共28个，评价河长共851千米。

表 1-10　2002 年钱塘江流域水质评价表

	Ⅰ类水	Ⅱ类水	Ⅲ类水	Ⅳ类水	Ⅴ类水	劣Ⅴ类水
枯水期	—	—	—	—	—	—
丰水期	—	—	—	—	—	—
全年期	8.2%	29.8%	37.7%	8.3%	3.2%	12.8%

资料来源：浙江省水利厅《钱塘江河口水资源配置规划文本》，2004 年 12 月。
注：参加评价河长共 1165.8 千米。

表 1-11　2010 年钱塘江流域水质评价表

	Ⅰ类水	Ⅱ类水	Ⅲ类水	Ⅳ类水	Ⅴ类水	劣Ⅴ类水
枯水期	—	—	—	—	—	—
丰水期	—	—	—	—	—	—
全年期	—	3.9%	35%	—	—	—

资料来源：《浙江省水资源公报》(2010)。
注：参加评价的河段共 28 个，评价河长 851 千米。

钱塘江流域主要不满足功能要求标准的项目依次为氨氮、总磷、挥发酚、高锰酸盐指数和生化需氧量。从总体情况来看，钱塘江流域水质范围为Ⅱ类—劣Ⅴ类，Ⅲ类居多，水环境污染以有机类为主，主要污染指标为溶解氧、总磷、氨氮。根据断面各监测值分析(表 1-11)，钱塘江流域水质达到Ⅱ类的比率为 3.9%，Ⅲ类的比率为 35%。另外，监测的补充项目中铁、锰经常存在不合格现象。

(三)钱塘江流域水质的形成原因

中国的水源地普遍面临的最大威胁，来源于污水处理管网不配套导致的排放和偷排：水源地上游或沿岸企业的工业废水、城市工业废水和生活污水肆意排放至水源地，在短时间内造成严重污染。五大问题直接威胁着钱塘江饮用水源水质安全。

1. 工业污染

2010 年杭州市废水排放量约为 9 亿吨，其中工业废水排放量近 5 亿吨。工业废水排放行业主要集中于造纸及纸制品业、纺织业、化工原料及化学制品制造业，分别占全市总量的 49.53%，13.16%，7.70%。从排放流域分布来看，有37.32%的废水排放在富春江，20.29%排向钱塘江，11.59%排向东苕溪。由于环境基础设施滞后等多种原因，这些工业污水有些没有经过处理就被直接排放，有些只经过简单处理，甚至还存在着偷排、漏排现象。即使达标排放，由于总量大，对钱塘江水体的影响也比较严重。

2. 农业面源污染

农业面源污染占总污染的50%。钱塘江上游小流域污染严重，主要源自农业生产、畜禽养殖和水产养殖中产生的污染，钱塘江水中的氨氮值比较高跟这种污染关系很大。

3. 采砂和船舶污染

由于钱塘江的地理环境良好，成了众多船舶的经营航道。尽管大多数船只已安装了油水分离器，但由于没有相应的约束及监督机制，使得部分装置没有发挥其应有的作用。其中，采砂机械和航运船是石油类污染的主要元凶。

4. 生活污染

沿江流域地区的生活污水和生活垃圾处理情况不是很理想，很多中心镇没有污水处理厂，农村的生活垃圾虽然进行了集中填埋，但对填埋垃圾时产生的渗滤水没有进行深度处理，造成了污染。

5. 跨地区的水污染

每年到洪水季节，钱塘江上游有安徽省、金华市的大量生活垃圾随同洪水顺流而下，流入千岛湖、钱塘江。监测数据表明，千岛湖入境水质年均值为Ⅲ类（但至水库坝前水质已可达Ⅰ类，这与水库有较强的自净能力和近年来淳安加强污染控制及水质保护力度有关）。钱塘江上游建德梅城、三河的断面水质为Ⅳ类，流域性污染明显影响了钱塘江水质。钱塘江闸口以上段是杭州九溪、南星、清泰三大自来水厂的饮用水源。虽然该段水质达到了国家Ⅱ类水质标准，但氨氮、总磷、石油类含量却超标，威胁着杭州市饮用水安全。

在2010年12月召开的钱塘江流域水资源水环境保护与利用议政建言会上，省政协发布了《关于加强钱塘江流域水资源水环境保护与利用的调研报告》。报告指出，钱塘江流域内受污染最严重的河段主要是金华江、东阳江、兰江、南江、武义江和浦阳江浦江段等上游地区，水质以Ⅳ类和劣Ⅴ类为主。省政协调研组还在流域内发现，杭州、金华、衢州3市仅点源化学需氧量排放总量，就分别超水环境容量32%，147%和62%。该报告还指出，杭州、金华、衢州3市亩均氮肥和磷肥施肥量均高于全国水平。但现有的污水处理厂普遍缺乏脱氮除磷设施，从而造成氨氮、总磷转变成为钱塘江流域最主要的超标因子，多个湖库水体出现富营养化现象，饮用水安全存在较大隐患。

二、东苕溪水系基本态势

苕溪流域位于浙江省杭嘉湖平原西部，属太湖水系，地跨杭州市的临安、余杭和湖州市的安吉、长兴、德清、湖州市区。苕溪河源分东苕溪和西苕溪，东苕溪主流长151.4千米，流域面积为2267平方千米（杭长桥以上），多年平均（1956—2000年）天然径流量为15.4亿立方米，占太湖入湖径流量的18.4%。东苕溪发源于临安天目山南麓，途径临安、余杭、德清，过湖州入太湖，是浙江省八大水系之一。东苕溪地域是亚热带季风气候，降水量丰富，自瓶窑站以上为东苕溪上游，基本保持自然生态系统特征；瓶窑站至德清大闸站为河流中游，建有西险大塘，受人类活动影响强烈；河流下游德清闸站至入湖口建有导流港，已经完全是人工河流，水文条件复杂，受上游来水和太湖水位的影响，流向不稳定。东苕溪是杭州重要的生产、生活水源之一，也是重要的灌溉水源、排涝通道，余杭区主要自来水厂均在东苕溪取水。

（一）东苕溪水环境质量现状

东苕溪，曾以“夹岸多苕泥，每秋风，飘散水上如雪然”而得名。20世纪六七十年代，苕溪水清可见底，溪水不但可以用来洗衣服、洗蔬菜，甚至可以直接饮用。从80年代开始，由于东苕溪上游一些工矿企业将未经处理的工业废水直接排入溪水中，并且加上一些生活废水也越来越多的排入，造成了溪水的严重污染，1993—1995年的污染程度达到了最高峰。

近年来，由于治污工作的蓬勃展开，污染程度有所下降，但情况仍不容乐观。现在，居民已经不在东苕溪洗蔬菜瓜果了，即使洗也会进行二次消毒，最多的是洗衣服、拖把等，已经不直接饮用苕溪水了。苕溪流域的水环境主要面临六方面的污染：一是工业污染源排放的以有机污染物为主的废水；二是未经处理或不能进入城市下水道而直接排放的生活污水；三是农业面源对水体的污染；四是由于水土流失而造成的水体污染；五是砂、石过量开采加剧了局部地区生态环境破坏的趋势而造成的水体污染；六是航运造成的水体污染。具体见表1-12。

表1-12　东苕溪流域的主要污染

污染来源	受污染河段	污染物
生活污水	东苕溪余杭—瓶窑	氮、磷及有机物
强力公司	瓶窑	无机物、酚、醛
杭州原种场	支流北苕溪	有机物(富营养物)
四岭造纸厂	支流北苕溪	有机物(富营养物)
余杭市有机化工厂	支流北苕溪	有机化合物
上窑蔬菜基地	瓶窑	化肥、农药等
吴山、长命、北湖等	余杭—瓶窑沿岸	化肥、农药等无机物和有机物
机动船	来往船舶	油类

资料来源：余杭区水务集团(2001)。

瓶窑镇上80%的家庭饮用纯净水，居民对水质治理的呼声也越来越高。据调查统计，对东苕溪水质现状感到较满意的人数占15%，不满意的占85%；有关部门认为，东苕溪流域工业污染较严重的占70%，生活污染较严重的占30%。据一些沿岸居民反映，希望政府在治污过程中，能加大宣传力度，提高群众的环保意识，在力所能及的条件下，将苕溪水的污染程度降至最低点。

(二)东苕溪污染的整治措施

苕溪的水质问题引起了政府部门的普遍关注。2001年12月28日，浙江省第九届人民代表大会常务委员会第三十次会议批准修改《杭州市苕溪水域水污染防治管理条例》，对污染防治做出了详细的规定，一些整治措施也相应而生，具体如下：

(1)关闭一些重污染企业。已关闭临安的两家化工厂和张堰的一家电镀厂。据不完全统计，上述3家企业的所属员工约500人，企业的关闭致使500人失业并对当地的财政收入产生了不小影响。初步估计让当地税收平均每年减少百万余元。然而从长远看，关闭这些厂家，使苕溪上游和中游的污染源骤减，并使治污工作取得了实质性进步。不难发现，这一举措的长远利益是不可估量的。

(2)整顿小造纸厂和化工厂。如对四岭纸厂、余杭市有机化工厂等，要求在一段时间内达到排污标准，限期整改，如达不到则令其关闭，以彻底铲除污染源。

(3)整改沿岸的水产养殖基地。杭州原种场、张堰水产养殖基地和四五家规模水产养殖企业，以及大量的鱼塘、沼塘、牛蛙场、甲鱼场、河蟹场等养殖场，每天要在水体中投入大量的饲料及防病、防虫药水。这些含有大量有机物、激素及残留物的水体最终进入东苕溪，成为水体富营养化又一来源。因此，应对各养殖场加强指导，注意科学投效，水体在排入江河时要进行达标治理。如采用生物净化法，放养一些水生植物，以减少水中有机物含量。

(4)让无磷洗衣粉真正进入千家万户，使沿岸居民的洗涤用水中磷的排放量降低，减少水体富营养物质。

(5)在沿岸城镇，如余杭街道、瓶窑镇尚无能力建立污水处理厂的情况下，可以对各家的生活污水进行适当集中，然后进行生物净化处理。如在集中的水体上放养水浮莲等水生植物，作为富营养化处理。

(6)对沿岸农民进行教育，做到科学施肥、科学治虫，减少农业用水的排放，最大限度降低有机物和残留农药进入苕溪水域的量。

(7)加强环保宣传。通过各种媒体，如广播、电视、报纸、墙报等各种形式进行广泛的宣传，使环保意义家喻户晓，环保行动人人愿做。

（三）东苕溪水源安全性较差

目前，杭州市余杭区唯一的水源是东苕溪。从东苕溪水源地水质情况看，基本保持Ⅲ类要求，但按饮用水源29项指标评价，取水口达标率还较低。个别时段因企业偷排污水等情况还会发生水源污染现象，使个别指标超过国家规定的Ⅲ类水标准，从而导致供水事故的发生。每年枯水期，当东苕溪水位低于太湖水位时，主要靠太湖流域倒灌水取水，但太湖蓝藻暴发对余杭区的饮用水源安全构成较大威胁。东苕溪流域有时会因降水量较小而发生干旱。总而言之，余杭区饮用水源单一，安全性较差。

余杭区水务集团为了开展饮用水源保护、给水工程设施建设、城乡饮用水保障等方面相关工作，于2011年4月启动了《余杭区供水专业规划》（修编）的工作，其间发现余杭的可饮用水水资源基本能满足远期（至2020年）的供水需求，2020年前供水的来源问题基本解决，但水资源总体形势不容乐观（见表1-13）；东苕溪的水量受太湖水位及太湖流域二省一市对水量需求等不确定因素的影响，存在一定的安全隐患，而且不能满足远景规划（至2050年）的供水需求；三白潭备用水源虽已通过达标验收，但受库容限制，只能取水3—4天，无法长时间正常取水；喜庵港备用水源尚未通过达标验收，常规处理工艺不能使用。

表1-13　余杭区水量预测及供水规模确定

（单位：万立方米/天）

城市分区	年份			
	2010年	2015年	2020年	2050年
临平副城	22.53	32.66	47.36	68.50
余杭组团	5.53	13.88	34.86	54.83
瓶窑组团	2.65	5	9.44	16.04
良渚组团	4.79	8.75	15.98	24.8
合计	35.50	60.29	107.64	164.17
规划供水规模	55	70	121	182

资料来源：余杭区水务集团。

三、不懈的钱塘江流域治理

为了让百姓喝上干净水，杭州市委、市政府和相关部门就水环境安全做了许多工作。

（一）钱塘江流域治理的政策

2004 年 8 月，开始实施的《杭州市生活饮用水源保护条例》中规定：对污染和破坏饮用水源并造成重大经济损失的行为，最高可处以 100 万元的罚款。

2005 年市委、市政府出台《关于建立健全生态补偿机制的若干意见》，同年制定《杭州市生态补偿专项资金管理办法》（杭财基〔2005〕530 号）。

自 2006 年起，每年安排不少于 5000 万元的生态补偿专项资金，优先扶持两区（萧山区、余杭区）、五县（市）等流域上游地区的重要生态功能区保护项目和环境基础设施建设项目。生态补偿专项资金数量不断增加，从 2006 年的 5000 万元增加到 2009 年的 6000 万元。

自 2008 年开始，为了加大对上游地区的补助力度，萧山区、余杭区已不作为市级生态补偿资金资助对象，上游五县（市）为生态补偿的重点。资金主要用于集镇和农村的污水处理设施及管网建设及生活垃圾收集处理设施建设，少量用于流域整治、饮用水源保护、畜禽养殖污染治理、环境综合整治等方面。

但由于历史原因，在杭州一级饮用水源地中，分布着 52 家黄砂码头、21 家石料厂、6 家船厂、3 家水上加油站。2009 年底，杭州市召开钱塘江饮用水源地污染整治工作会议，会议决定到 2010 年底，钱塘江饮用水源一级保护区内所有黄砂码头、制砂作业、加油站将统统关停。其中，造船企业力争于 2010 年底，最迟 2011 年 6 月底完成搬迁工作。

2010 年，杭州市环保局全面启动了钱塘江饮用水源地综合治理工作，并投资 1.4 亿元专项资金，在钱塘江饮用水源保护区范围内，拆除和搬迁了 134

座砂石码头、3家船厂、1个水上加油站，使钱塘江石油类、氨氮等指标显著下降。2011年搬迁拆除的黄砂石码头、船厂旧址，采用"覆绿"方法进行生态修复。杭州市环保局发布报告称，2011年杭州将重点整治水、气环境，并将扩大钱塘江饮用水源的整治范围，计划用3年时间保护饮用水源，消除杭州内劣Ⅴ类水。同时，实施千岛湖水质改善工程，关停千岛湖周边所有采矿点。

治污之外，还在钱塘江、富春江、新安江"三江两岸"实施生态修复和景观保护工作，挖掘其中的历史内涵，把"三江两岸"打造成一条黄金生态旅游线。计划用3年时间(从2011年开始)，消除内河中的劣Ⅴ类水；全市饮用水源水质100%达标，成为真正放心饮用水源。

水是我们赖以生存的基础。杭网倡议，从自己做起、从每一天做起，保护水资源。倡议作为每天要接触水源的市民，应该树立起保护水源、合理利用水资源的意识。一是树立惜水意识，开展水资源警示教育；二是合理开发水资源，避免水资源被破坏；三是提高水资源利用率，减少水资源浪费；四是进行水资源污染防治，实现水资源综合利用。

2011年7月，原杭州市委副书记、市长邵占维在市水环境安全工作专题会议上强调，要进一步重视水环境保护，扎实开展节能减排专项整治工作，以铁的决心、铁的手腕淘汰落后产能，加快环保基础设施建设，加强危化品管理，完善生态环境保护利益导向机制；要切实保障水源安全，做好钱塘江和苕溪水质保护工作；要从长远出发，做好千岛湖配水工程前期工作，加强应急备用水源建设；要加大供水联网工程建设，增强应急调度能力；要提高末端水质质量，加强管网、阀门等供水系统管理，加大监测力度，保障供水安全。

2011年11月，杭州市委、市政府召开全市水利工作会议，原浙江省委常委、杭州市委书记黄坤明在会上强调，要认真贯彻中央和省委、省政府的决策部署，扎实做好水利改革发展各项工作，加快推进水利现代化，为杭州市经济社会发展提供重要保障；要加快水利改革发展，要紧紧抓住重点领域、重点项目和长效机制建设；要围绕建成功能完善的现代化防灾减灾体系、水资源合理配置和高效利用的用水安全保障体系、水环境持续改善的江河湖库生态健康体系、适应现代水利发展的科学管理体系，加快推进各项重点工程建设；要坚持流域性和区域性相结合，统一认识，共同治水，在此基础上完善水利建设管理、目标考核、工作督查和绩效评估等体制机制；要注重发挥相关单位和人民群众的主体作用，广泛动员各方面力量参与水利建设，共同建好自己的家园。

（二）环境承载压力成倍增加

“十五”“十一五”以来，杭州通过钱塘江流域水污染企业限期治理、环境保护“一控双达标”及生态示范区创建工作，环境污染恶化的趋势得到了一定的遏制。但随着社会经济的发展，全社会污染物排放总量的压力依然较大，农业污染和生活污染还没有得到有效控制，环境质量仍未得到根本改善。2010年，杭州市全市共计排放污废水约8.90亿吨（表1-14）。其中，废水中化学需氧量排放量为11.39万吨，比上年下降4.46%；氨氮排放量为1.45万吨，比上年下降7.73%。该表表明，多数污染指标有了显著的改善，这在很大程度上是杭州市努力加强环保工作的结果。但在实现社会经济快速发展的过程中，各项污染指标均具有随时抬头的苗头，污染控制和环境保护工作依然严峻。

表1-14 杭州市2010年废水及主要污染物排放情况

区域	废水排放量(万吨)			
	合计	工业源	生活源	集中式
全市	89 039.8	45 821.4	45 125.4	93.2
主城区	33 614.1	4292.8	31 262.9	58.4
萧山区	18 356.9	14 013.3	4337.8	5.8
余杭区	5650.0	2548.0	3100.8	1.2
桐庐县	2082.8	1192.5	885.1	5.2
淳安县	1292.5	693.3	592.7	6.6
建德市	4809.3	3885.5	917.0	6.9
富阳市	19 471.7	17 281.9	2188.0	1.8
临安市	3762.5	1914.1	1841.1	7.3

资料来源：《杭州市“十二五”环境保护规划》。

（三）流域保护难度与日俱增

梅城和里山水源地的污染物，主要是源于水源地上游及两岸的工农业和生活污水。由于市场经济的利益诱导，对影响水质的重点工业企业较难采取有效的控制手段。特别是富阳市，有 61 家重污染企业（占钱塘江流域重点工业污染源的 36%），其中 92% 为造纸或纸制品企业。要让这些创收较多的污染企业在短期内全部实行关、停或转产等措施，有较大难度。

太湖水体的污染源众多，污染物类型复杂，分布范围广，实施保护措施涉及的省市较多，难度较大。

多年来，由于治污收效不大等原因，水质性缺水的问题一直得不到有效解决。据杭州市控断面水质监测，2004 年钱塘江杭州段水环境功能区达标率为 37.0%（整个钱塘江为 40%，居全省八大水系倒数第三位）。2005 年 6 月，省人大生态建设和环保法跟踪执法检查组对杭州饮用水源进行检查时发现钱塘江 251 个水功能区的纳污能力如下：化学需氧量为 27.1 万吨/年，氨氮为 2.2 万吨/年，而实际污染物排放量中化学需氧量为 33.21 万吨/年，氨氮为 2.41 万吨/年，可见水污染已严重影响到生活、生产、生态用水安全。并且，钱塘江流域工业污染排放物日趋复杂，污染物排放量大大超过环境容量和自净能力。

2010 年，钱塘江水系Ⅰ类水和Ⅲ类水的水质断面占 73.3%；“十一五”期间，钱塘江水系Ⅰ类水和Ⅲ类水的水质断面比例在 66.7%—73.3%。

长期以来，省市各级政府对保护钱塘江水系做了大量工作，但是由于流域现状和历史等客观原因，污染问题一直难以得到有效解决。未来 10 年内（以 2010 年算起），钱塘江水质将极有可能继续恶化，杭州的水质将面临严峻的考验，尤其是饮用水将受到巨大的威胁。因此，从千岛湖配水显得尤为必要。

四、“九龙治水”任重道远

1992年联合国环境与发展大会通过的《二十一世纪议程》中提出，水资源应按流域进行综合管理，强调了流域管理在整个水资源管理系统中所处的战略地位。

（一）“九龙治水”的形成机理

水作为一种自然资源和环境要素，其形成和运动具有明显的地理特征，以流域或水文地质单元构成一个统一体。地下水和地表水之间相互转化，上下游、左右岸、干支流之间的开发利用相互影响。这种特点，要求对水的治理必须以流域为单元，进行统一规划、统一调度、统一管理，建立权威、高效、协调的流域统一管理体制。

改革开放以来，我国的水务行政管理基本上承袭了计划经济下的行政管理体制，江河湖库等水源地、农村水利、防汛抗旱、用水规划、城市供水、排水和城市地下水、城市节水管理等，都由不同的行政管理部门承担。比如水利部主要负责水量的调度，国家环保部主要负责水污染的治理，农业部主要负责水生生物的保护，而林业局则主要负责湿地资源的保护。这样就造成了利益上的冲突和管理上的漏洞，还有责任上的不明晰，故被戏称为“九龙治水”。

这种“城乡分割、部门分割、九龙治水”的水务管理体制，破坏了水资源利用的自然循环，在水资源危机治理的过程中出现信息不畅、协调不力、争权逐利、推责扯皮等一系列问题。

（二）水管理体制亟待完善

水资源作为一个整体自然生态系统，每个部分是相互联系、相互依赖的，人为地把它分割开，势必造成整个链条的断裂。

在钱塘江流域环境保护工作中，各有关行政职能部门的角色是双重的：一方面，它们是行政管理的主体；另一方面，它们又是钱塘江流域环境保护行政管理的客体。行政职能部门在保护钱塘江流域时存在着保护部门利益的现象：当一些部门利益与钱塘江流域环境保护的整体利益发生冲突时，有时会从维护自身利益的立场出发，从而发生回避法律所规定的义务和推卸责任的现象。

存在至今的条块分割的行政体制，特别是水务的多头管理，使得治水体制长期低效乃至失效。

（三）水保护机制有待健全

我国流域管理和区域管理相结合的水资源保护协调机制尚未形成。开源节流的最根本途径还是治污，但现实往往是上游城市为了保护生态环境而做出了巨大的努力，而下游城市却为提升几个GDP百分点不负责任地排污。

钱塘江水系复杂，跨越多个区域，由于地方保护主义，管理上难以协调。钱塘江上游如富春江、浦阳江、兰江、衢江等流域产业带密集，其中有大量的污染产业。由于流域实际和历史等客观原因，污染问题一直难以得到有效解决。

（四）水产权制度亟待建立

作为市场经济环境中配置水资源的核心制度，水权制度在我国许多流域没有建成科学的体系，流域水权不明确，权属不清。不仅如此，水权交易制度的建设环境也没有形成，水权无法顺畅流动。在水源环境问题方面，“四个不到位”现象特别突出。

一是认识不到位，导致保护区规划落实不了，保护资金落实不了，监管人员落实不了。

二是统筹规划不到位。

三是饮用水源环境管理责任落实不到位。“九龙治水”的局面导致部门间争利推责，看似“谁都在管”，实则“谁也没有管到位”。同时，由于对饮用水安全保障缺乏“顶层设计”，部分地区在社会经济发展规划中，对饮用水源安全保障工作没有通盘考虑。随着城市的不断扩张，不少地方的城市建设侵占饮用水源地，饮用水源保护区的范围不断缩小。更令人担忧的是，由于饮用水源保护区周围新企业、新项目不断上马，环境日趋恶化。

四是污染源整治不到位。底子不清，清理整顿不彻底，致使法律明确规定应关闭的排污企业、应取缔的排污口，长期取缔不了；对一些在饮用水源地上游违法排污的企业，有关部门长期视而不见或见而不管，对群众反映的有关饮用水源环境的问题熟视无睹。

（五）水质恢复过程很漫长

纵观国外水环境综合整治案例，水污染治理和水质恢复往往是一个相当长时期的过程。如日本琵琶湖的治理，投入 180 亿美元，花了 30 年时间才使蓝藻水华消失，水质得到好转。从 1980 年至 2005 年，莱茵河由荷兰、德国、法国、瑞士、卢森堡共投入 200 亿—300 亿欧元，历经 25 年治理，方使得大部分河段水质恢复至Ⅰ类水质标准。英国母亲河泰晤士河经过 150 年治理，政府共投入 300 多亿英镑，于 20 世纪 80 年代河流水质才恢复到 17 世纪的状态，达到饮用水水源标准。

千岛湖的优质水通过新安江电站发电后在建德梅城与兰江汇合，再通过桐庐县和富阳境内，在闻家堰与浦阳江汇合进入钱塘江，此时水质已与千岛湖的优质水相去甚远。长期以来，浙江省各级政府对钱塘江、杭嘉湖水系保护和治理做了大量工作，但是由于流域实际和历史等客观原因，水质恶化的趋势虽然得到了遏制，但近期内水质还难以完全恢复至最初的状态。千岛湖配水项目可优先利用千岛湖的优质水，避免途中受污染的风险，让处于流域下游的河口地区人民喝到优质的源头水。

第三部分　千岛湖配水工程的迫切性

多年来,历届浙江省委、省政府始终对解决浙北部分地区缺水问题高度重视。浙江省有关部门自 20 世纪 70 年代开始就对新安江、富春江配水等问题进行了研究。为保障城乡居民身体健康、提高生活品质,并为经济发展创造良好的投资环境,针对杭州湾两岸地区的水资源条件和供水实际,浙江省委、省政府适时提出了引新安江水到杭州、嘉兴等地的规划设想。

不论是近期、远期的水污染,还是浙北人民渴望喝上好水的强烈愿望,都急切需要政府尽快解决水源问题。21 世纪初,一封爱国侨民来信直接质问省长:"一库(新安江水库)好水缘何不用?"由此,2002 年,浙江省水利厅牵头开展了新安江配水工程可行性研究工作,到 2004 年基本形成千岛湖配水方案。

一、长距离配水工程的典型案例

随着人口的增长和经济的发展,水资源问题已经成为制约人类 21 世纪生存与可持续发展的瓶颈。水资源分布不均匀与人类社会需水不均衡的客观存在,使得配水成为必然。采用大规模、长距离、跨流域配水的方法,已成为人类重新分配水资源、缓解缺水地区供需矛盾的主要途径。

(一)国外典型长距离配水工程

据不完全统计,国外已有 39 个国家建成了 345 项大规模、长距离、跨流域配水工程(不包括干渠长度 20 千米以下、年配水量 1000 万立方米以下的小型配水工程),总配水量约 6000 亿立方米。这些国家主要集中在美国、巴基斯坦、印度、加拿大等,它们的总配水量约占世界总配水量的 80% 以上。(见表 1-15)

表 1-15　世界著名的长距离配水工程

工程名称	配水流量（立方米/秒）	年配水量（亿立方米）	配水总扬程（千米）	所在国家	建设时间（年）	用途说明
加利福尼亚州北水南调工程	284	90	1151	美国	1957—1973	灌溉、供水
巴基斯坦西水东调工程	614	222	622	巴基斯坦	1960—1977	灌溉，兼顾发电
魁北克配水工程	1590	252	861	加拿大	1974—1985	水力发电
伏尔加—莫斯科配水工程	78	21	458	苏联	1932—1937	供水
澳大利亚雪山调水工程	—	11.3	80	澳大利亚	1949—1975	供水、发电

（1）美国加利福尼亚州北水南调工程。美国北部湿润，南部干旱缺水，截止到 2013 年底前已建成的跨流域配水工程有 11 项，年配水总量达 200 多亿立方米，主要用于生活和工业用水。其中，最著名的加利福尼亚北水南调工程，是配水扬程最高、输水距离最长的典型跨流域配水工程，其年配水量达 90 亿立方米，发展灌溉面积 130 多万公顷。该配水工程现已运行 40 多年，是在水资源优化利用，并产生巨大综合效益方面的典型案例。美国其他主要的配水工程还有中央河谷工程、科罗拉多—大汤普森工程、煎锅—阿肯色河工程、中央亚利桑那工程等。

（2）巴基斯坦西水东调工程。巴基斯坦的西水东调工程（原称印度河流域规划），主要用于灌溉，兼顾发电。该工程将西三河（印度河干流、杰卢姆河、奇纳布河）的水调到东三河（拉维河、萨特莱杰河、比阿斯河），渠线长 593 千米，年配水量 222 亿立方米，灌溉农田 200 余万公顷，是世界上规模最大的已建跨流域配水工程，堪称平原地区明渠自流配水的典范。

（3）加拿大魁北克配水工程。加拿大已建 54 处配水工程，年配水量达 1000 多亿立方米。其中，80%的配水工程主要用于水力发电，17%的配水工程用于灌溉，其余为城市用水服务。1974 年动工兴建的魁北克配水工程，配水流量达 1590 立方米/秒，总装机容量达 1019 万千瓦，年发电量为 678 亿千瓦·时，是世界上利用自然河床实行跨流域配水工程建设的典型。加拿大其他主要的配水工程还有邱吉尔河—纳尔逊河工程、奥果基河—尼比巩河工程等。

(4)苏联伏尔加—莫斯科配水工程。该工程总长128千米，是为了解决大城市工业用水及居民生活用水的需要而建的。该工程的建设不仅保证了莫斯科市及其近郊的饮用水供应，改善了莫斯科地区的卫生状况，解决了运河沿途的水电难题；还使莫斯科成为伏尔加河和5个内陆海(即黑海、里海、亚速海、白海和波罗的海)的港口，便利了水路运输，加速了莫斯科的发展。苏联其他主要的配水工程还有大土库曼运河工程、纳伦河—锡尔河调水工程等。

(5)澳大利亚雪山调水工程。修建于1949—1975年的雪山调水工程是澳大利亚第一个配水工程，也是迄今为止世界上装机容量最大的跨流域配水工程。该工程位于澳大利亚东南部，通过自流或抽水，经隧洞或明渠，从雪山山脉的东坡建库蓄水，将南流入海的雪山河水引向西坡的需水城市；沿途还利用落差(总落差760米)发电供应首都堪培拉、墨尔本及悉尼等重要城市；为配水建造的16座大大小小的水库，点缀于绿树雪山之间，成了旅游胜地。目前，澳大利亚西部的水质大为改善，生态环境十分宜人。

(二)国内典型长距离配水工程

我国已建跨流域调水工程20余座。20世纪80年代，在党中央和国务院正确领导下仅耗费一年多时间修建而成的第一个长距离跨流域调水工程——引滦入津工程。2002年12月27日，我国又一举世瞩目的宏伟工程——南水北调工程顺利开工建设。南水北调工程是中国人民实现可持续发展的伟大实践，是解决我国黄河以北资源性缺水问题的特大型基础性措施，是实现我国水资源优化配置的重大战略决策。

(1)南水北调工程。经过多年的勘测、规划和研究，按照长江与北方缺水区之间的地形、地质状况，分别在长江下游、中游和上游规划了3条调水线路，形成了南水北调东线、中线和西线的总体规划布局。通过3条调水路线与长江、黄河、淮河和海河四大江河的联系，构成了以“四横三纵”为主体的总体布局，以利于实现我国水资源南北调配、东西互济的合理配置格局。3条调水线路既有各自的主要供水目标和各自合理的供水范围，又是一个整体，可以相互补充。

(2)香港东江配水工程。该工程北起东江，南至深圳河，全程83千米，途经东莞、深圳等城市，由9个抽水站、6级拦河坝、2个调节水库及24.5千米的人工渠道构成。该工程从东江配水后，经过抽水站和人工渠道，流入原来由南向北流入东江的石马河，导配水流由北向南倒流，逐级提水，总共提升水位46米，配水入雁田水库；再越过分水岭，配水入深圳河的支流沙湾河，注入深圳水库，满足深圳特区的用水要求。从深圳水库左副坝设大型输水管道输水至深圳河边，香港水务局采用连通管接收水量，并经木湖、梧桐河、大埔头、下城门等抽水站加压送至沙田滤水厂，经过处理后，供应九龙和香港用水。香港东江配水工程于1965年建成并投入运行，效益显著。

(3)广州市西江配水工程。广州市西江配水工程总投资概算为89.53亿元，取水设计规模为350万立方米/天，全程管线长71.6千米，是当时仅次于南水北调工程、上海青草沙水源地原水项目的全国在建第三大配水工程。其既是列入国家《珠江三角洲地区改革发展规划纲要(2008—2020)》“建立合理高效的水资源配置和供水安全保障体系”的重点建设工程，也是广州亚运会配套的民生供水工程，被列为2010年广州市政府十大改善民生实事之一。西江水流入广州后，广州将形成以东江、北江、西江和流溪河四大水源相互补充的优质饮用水科学供应格局。广州市中心城区西北部的江村、石门和西村三间水厂将由流溪河下游、珠江西航道水源置换为西江水源，越秀、荔湾、白云区及天河区部分区域约600万市民受惠，广州中心城区水源水质100%达标，广州也因此在城市供水水质方面成为全国的排头兵。

(4)大伙房水库配水工程。大伙房水库配水工程是从本溪桓仁县境内的浑江配水，将水引至新宾满族自治县苏子河，流入抚顺大伙房水库，再向浑河、太子河地区的抚顺、沈阳、辽阳、鞍山、营口、盘锦等六座严重缺水的城市供水。该工程从浑江至大伙房水库修建85.3千米、直径8米的隧道。输水隧道引入大伙房水库后，经大伙房水库调节，将通过235千米输水管道为下游的抚顺、沈阳、辽阳、鞍山、营口和盘锦六城市供水。

二、千岛湖配水工程的历史变迁

嘉兴第一次将配水提上议事日程是在1998年。1998年1月4日发布的《嘉兴市地下水资源保护及地面沉降防治规划》（嘉政发〔1998〕10号）中，第二阶段（1999—2000年）的主要措施描述里提出了："从水资源、供水的角度，这一阶段最重要的是配水工程。根据《嘉兴市水中长期供求计划》，为满足2010年全市的供水，从外地配水的工程是必需的。从当前要尽快禁采深层地下水的角度，配水工程宜尽早规划实施。"根据当时的方案，嘉兴从太湖配水的投入大概需要50亿元，而如果从千岛湖配水，投入则至少翻番。出于对经济实力、配水成本、实施难易、推进速度等综合因素的考虑，引千岛湖水的美妙构想在一度激起巨大涟漪后，在人们翘首期盼中归于平静了。

此后太湖配水方案被提上实施议程。2005年12月，嘉兴市上报浙江省政府，要求将太湖配水工程列入省水资源保障"百亿工程"项目。2006年7月，总投资8亿元的嘉兴市东片嘉善、平湖从太浦河取水工程启动，目前，嘉善已喝上太湖水了。嘉兴市环保局的监测结果显示，太浦河饮用水源地在2010年有6个月达到Ⅲ类水水质要求，比起嘉兴其他水源地来，情况明显要好很多。

21世纪初，杭州就曾计划通过开放水渠或管道的形式从100多千米外的千岛湖直接配水入城。当时初步方案是这样的：自新安江、千岛湖取水，经配水隧洞向东北跨越桐庐、富阳，至杭州闲林埠出洞前分成两条支线，一条向东北流至杭州和嘉兴地区；另一条转向东南，跨越钱塘江至杭州萧山、滨江区。该工程最长输水距离为271千米，输水线路全长872千米，总投资初步估计为128亿元，供水总规模初步确定为462万吨/天。2004年，在浙江省水利厅主导下曾经对千岛湖配水方案做过论证，最终因个别水利权威者的反对而被搁置。专家的意见是：钱塘江流域并不缺水；水质不好需要加强污染治理，千岛湖的水应该留给后代子孙。

为了实质性启动这项工作，浙江省委、省政府提出：一要把从新安江配水和富春江配水解决浙北的缺水问题，作为事关全局、事关长远发展的一项重大战略任务，列入省委、省政府的议事日程，争取尽早决策，尽早部署，尽早启动；二要在省政府成立相应的协调机构，由分管领导具体负责，明确有关部门的工作任务，开展实质性的前期工作；三要在已有研究成果的基础上，进一步加快研究论证步伐，听取方方面面的意见建议，优化比选，尽快拿出可供决策参考的可行性研究方案；四要抓紧与华东电力局、上海市和浙江省有关部门进行沟通、协调，进一步明确有关问题，努力争取让各方达成共识。

2011 年 1 月 29 日，中央一号文件《中共中央、国务院关于加快水利改革发展的决定》发布。它是中华人民共和国成立以来中央首个关于水利的综合性政策文件，也是第一次将水资源合理配置、水资源保护等问题提升到了关系经济安全、生态安全、国家安全的战略高度。在中央一号文件发布之前，浙江省政协就曾召开钱塘江流域水资源水环境保护与利用议政建言会，会上发布《关于加强钱塘江流域水资源水环境保护与利用的调研报告》，搁置多年的千岛湖配水方案被重新提出来。在 2011 年召开的省十一届人大四次会议和省政协十届四次会议上，多名人大代表和政协委员对此建言献策，其中就有嘉兴的省人大代表和省政协委员。在 2011 年 1 月 24 日杭州市十一届人大六次会议和市政协九届五次会议上，提请大会审议的《政府工作报告》中，明确提出“积极推进千岛湖配水前期工作”；《嘉兴市国民经济和社会发展第十二个五年规划纲要》同样提出“会同杭州市加快开展从千岛湖等地配水的研究和建设工作”。由此，在中央一号文件出台的大背景下，杭州城乡居民喝上千岛湖水的梦想正一步步走向现实。

三、千岛湖配水工程的地方反响

2004 年，在千岛湖配水方案的前期调研中，浙江省政府相关部门和科研单位一同走访了各地政府和相关单位，当时各单位意见不一。现将各地区、各部门的意见和建议梳理如下。

(一)华东电网公司

(1)从新安江水库配水，解决杭州、嘉兴等地生活用水，宏观上国家应予以控制。杭嘉湖地区不缺水，主要是污染问题。解决这种水质性缺水问题，关键是治本。地方政府应着力采用先进的水处理设备，治理水污染源，就近配水，避免进行破坏流域生态环境的远距离供水。建议不改变新安江水库"以发电为主，兼有防洪、库区航运和养殖等综合利用"的功能定位。

(2)如果确实需要远距离取水，并保证一定的取水水质要求，建议直接从新安江下游出水口配水。这样既能保证取水的水质要求，又不至于增加太多的投资。如从富春江电厂下游取水，则矛盾更小，水资源利用率更高。

(二)嘉兴市

嘉兴市有关领导对配水的态度是坚决的。嘉兴市有关领导表示，尽管各方面对配水有不同的声音，但还是要配水，而且要引新安江水。现在的工作是健全组织，集中精力，尽快上马，力争本届政府开工。从现在起到配水实现的过渡期，一手要抓配水，一手要抓本地水的深度处理。他们认为，两者并不矛盾，因为深度处理还为以后配水创造条件。也有人提出引浙北水，要考虑农村居民对水价的承受力问题，引来的水是不是所有的人都能用得起？他们认为还是就地解决水源为好。

(三)杭州市

杭州市区水源可主要考虑取水口沿钱塘江上移，远期水源地应为新安江水库。新安江水库库容大，净化能力强，水质具有优质、稳定等特点。如实施从新安江直接配水，杭州市区供水水源可彻底摆脱咸潮及上游地区经济发展造成水质污染的影响；同时，新安江水库的优质水资源可得以高效、充分利用，杭城市民千家万户可在家门口直接饮用，也解决了浙北嘉兴地区的生活饮用水问题。

1. 淳安县

无论是新安江水库建设之初，还是新安江水库运行以来，淳安人民为保护这一库秀水，做出了巨大的牺牲。水资源保护是全流域、全社会的事情，下游或其他流域在配水中受益，当然也要参与到对水源的保护中，对水源地的付出给予补偿。只有这样，才能调动水源地保护的积极性。若配水方案成立，当地政府希望的补偿措施有：

(1)通过水资源费的形式给予补偿，受水地按配水规模交纳水资源费；

(2)把库区部分人口外迁，异地安置，异地发展。这样做，可以很好地保护库区的水环境，也解决当地居民的生存、发展问题(县人大提议，把淳安作为杭州市的一个区，迁出25万人，在杭州附近安置)。

2. 建德市

(1)从配水取水口位置上考虑，取水口放在建德市比放在淳安更加有利。因为建德市被污染的水源较少，千岛湖建德境内水为一级水，水深且为活水，与富文湾的水相比，流动性好，自净能力强。

(2)从配水后的影响看，从水库坝上配水，虽对建德近期、远期的直接影响不大，但间接影响还是有的。若配水后电站功能发生改变，影响面会很大。因为下游兰江水质较差，配水后下泄流量减少，则下游水质有可能恶化。另外也会对生态、渔业、航运、工农业等产生不利影响。

(3)建德市建议取水口放在水库坝以下，引用发电尾水来供水，比库区水质要好，且不影响发电。

(4)若配水方案成立，决定从富文湾取水，则应充分考虑对建德市的补偿；如果取水口放在建德市，除了对建德市进行补偿外，对淳安县进行适当补偿也是应该的。主要补偿内容为水资源费、环境和生态影响补偿费、渔业补偿费、航运补偿费等。

3. 富阳区

嘉兴市等地以牺牲当地环境为代价获得经济高速发展，使水资源受到污染，进而从水资源保护较好的钱塘江流域(富春江、新安江)取水，是一种急功近利的行为。这样做不仅不能从根本上解决当地水污染问题，还会打击钱塘江流域对环境保护的积极性，不利于生态省建设。嘉兴地区应该注重对当地的水源保护，从根本上解决水质性缺水问题。从长远看，我们有责任为子孙后代留下一库清水。浙北地区从新安江调水，对富阳区的影响主要在沿江两岸，初步分析包括：

(1)取水后富春江河道水位降低，生活用水受影响；

(2)沿江农灌用水受影响；

(3)对航运有影响；

(4)咸潮上溯对养殖业、河道淤积有影响；

(5)对沿江生态环境、旅游业有影响；

(6)集中在两岸工业园区内的造纸业撑起该市工业的半壁江山；上游取水后，两岸用水会有困难；同时水环境容量减小，会造成富阳工业的衰退。

四、千岛湖配水工程的专家意见

(一)中国水科院专家

中国水科院专家从浙江省水资源合理配置，太湖、钱塘江各水源地水质变化的趋势，供水可能带来的环境影响及工程规模等方面分析，认为太湖—富春江水源方案是一个比较合理的方案。但太湖水质是否有保证，仍须进一步论证。必要时，可采用富春江配水方案作为备用方案解决嘉兴饮用水问题。新安江水库配水，可作为中长期候补方案，待条件成熟时再考虑。

(二)国务院南水北调办公室专家

(1)新安江配水方案线路长，按以往工程经验，长 260 千米，洞径 6 米左右，仅此一项投资就会超过百亿元，再加上钢管等，最终投资估算会突破 300 亿元。另外，长隧洞开挖会引起山体地下水急剧下降，影响生态环境，而管道布设与地下水流向的取向不一致，会破坏地下径流流动规律。

(2)太湖水质的治理,不是仅仅增加工程措施就可以解决的。太湖受二省一市影响,缺少统一管理,治理难度大。对太湖水质的改善及趋势分析,要多搜集资料,以便做出正确的治污判断。

(3)近期杭州市取水口上移是非常紧迫的。专家认为:在对里山取水口水环境充分论证的基础上,优先选择以里山为取水口的方案;针对嘉兴市问题的决策宜慎重。不少外地专家建议,嘉兴市也取里山作为水源地。在充分论证里山水源水环境情况下,专家认为这也是一种可考虑的方案。

(三)中国环境科学研究院专家

专家从生态可持续的角度提出:

(1)尽量不实施长距离(跨流域)调水。调水不仅会打乱水系的自然格局及区域性水的自然规律,还会因为工程的大规模实施带来一些潜在的、长期的负面生态影响,只有在迫不得已的情况下才实施。

(2)新安江水库的功能应明确为饮用水源地,以便按照这一功能使用。浙江水资源十分宝贵,应珍惜本省范围内的所有水资源,不能轻易放弃不用。上海市、苏州市在用太湖水,嘉兴市为什么不能用?新安江水库在浙江省社会经济发展中的作用随时间推移,日益突显,但功能定位太低,对保护这一珍贵资源不利,也不易规范各地的开发行为,一旦变成第二个太湖,可找不到“引江济太”的方法来解决污染问题。

(四)浙江省水利厅专家

专家认为,嘉兴市从太湖配水、杭州市从里山配水,需要对这两个配水点的水质进行进一步分析。在经过科学论证这两个工程引入的水,通过水处理确可保证供水区用水户用到优质饮用水之后,再正式论定工程建设项目。

(五)民盟浙江省委专家

专家认为,远程跨流域调水,从根本上说就是用简单的方式处理复杂问题。如果缺水城市全部调水,将带来水资源的根本枯竭。此外,配水必然引沙。只要配水量超过其河流量的40%，势必引起泥沙淤积，河道堵塞，破坏当地的生态环境。开源节流的最根本途径还是治污，往往是上游城市为了保护生态环境而做出了巨大的努力，而下游城市却为提升几个GDP百分点不负责任地排污。而在水务多头管理的情况下，治水体制长期失效。政府应发挥经济杠杆的作用，以政策手段让下游受益者支付相当费用，以对上游城市进行生态性补偿。

第四部分　千岛湖配水工程的必要性

中央水利工作会议指出，要坚持民生优先，着力解决人民最关心最直接最现实的水利问题，促进水利发展更好地服务于保障和改善民生。要坚持把水利建设投资优先投向与人民群众生活生产密切相关的水利领域，加快建设一批事关国计民生和群众切身利益的水利工程。

水是大自然留给杭州市的最大财富，水也是杭州市发展的灵魂。杭州2200多年的建城史，是一段因水而生、因水而兴、因水而名、因水而强的历史。水是杭州市最显著的特色和具有独占性的资源。杭州市有江（钱塘江）、河（大运河）、湖（西湖）、溪（西溪湿地）、海（钱塘江入海口）五大水源，五水共导，延续着城市发展的历史脉络。配水惠民，有利于开启杭州市品质生活的崭新时代。

一、优化水源，缓解区域缺水难题

杭州市的饮用水源，主要来自钱塘江水系和苕溪水系。钱塘江水量比较丰富，但钱塘江河口咸潮期间，杭州市时而会出现较大范围降压供水情况，也会出现取水口水源含氯度长时间超标的情况，供水保证率较低，使企业和老百姓正常生产生活用水受到影响。钱塘江水体不计总磷、总氮等指标，可达到Ⅲ类，基本符合水源水质的标准。但近年来，随着沿江两岸工业的快速发展和城市化水平的提高，工业废水、生活污水、农业污染物等排放量不断增加，水环境状况日趋恶化，水质超标的情况时有发生。另外，钱塘江的水质与水量受新安江水库、兰江来水和富春江水库下泄水的控制，下游受钱塘江涌潮、江道形势等多种因素影响，不足以防范杭州市可能遭遇的用水危机。杭州市余杭区一直从东苕溪取水，东苕溪水系的水比较少，在枯水年、特枯水年份难以满足余杭区境内城乡用水的需求。为尽快改变这种不利的局面，保证杭州城市正常生产生活供水，也必须再寻找新的水源点。

江南水乡具有两岸居民择河而居的特点。由于人们的环保意识不强，生活污水直接排入河道的现象严重，加上日常生活垃圾的倾倒，使得水环境承载能力本身就小的河水常年发黑、发臭。根据《城市给水工程规划规范》(GB50282－98)的规定，饮用水、地表水水源的一级和二级保护区的水质标准不得低于《地表水环境质量标准》(GB3838)Ⅱ类和Ⅲ类标准。但在嘉兴区域内已找不到一处水量充沛、水质合格与稳定的饮用水水源地。

近些年，随着治污减污力度的加大，工业、生活、农业和交通航运污染初步得到了控制，河网水质恶化的趋势得以减缓。但要真正实现改善河网水体水质，恢复往日水乡水环境，使河网水质达到国家地表水Ⅱ类饮用水源标准的要求，还需要投入大量的资金，经过较长时间的治理。所以，杭州市面临的水质性缺水问题近期是难以解决的。

千岛湖配水工程的实施，可为杭州市提供优质的生活饮用水水源(水质基本可达到Ⅰ—Ⅱ类水标准)，能有效解决城市的生活供水矛盾，提高广大人民群众的用水质量和生活水平。

二、以人为本，确保饮水健康高质

党的十七届五中全会提出，要坚持以人为本，树立全面、协调、可持续的科学发展观，促进经济社会和人的全面发展。水利实践中坚持以人为本，就是要从保障人民生命安全、提高人民群众生活水平和生活质量的实际要求出发，把广大人民群众的最根本利益作为水利发展的出发点和落脚点，努力满足人民群众对饮水安全、饮水质量、经济发展用水和生态环境用水等方面的需求。

水是生命之源，饮用优质水是身体健康、提高生活质量的基本保证。自然水中的矿物质等微量元素，是人类健康所需要的。工业化和城市化给地表水造成了严重的污染，人们不得不采用消毒、澄清等方式将自然水加工成自来水，通过供水系统输送给千家万户。由于无法除去自来水中的有机物，输水系统又会造成二次污染,20世纪70年代以来,纯净水应运而生。去除了水中的细菌、病原体和金属离子后得到的纯净水,基本保证了饮水的安全,但同时也除去了人体所需的微量元素,pH值呈弱酸性,不宜作为常规饮用水。再者,污染后的水纯化处理只能解决污染问题,不能解决水的生理功能即水的溶解力、渗透力、乳化力、代谢力等方面的退化问题。随后,人们又把注意力转向了既能保证安全,又能保证营养的天然水。天然水的原水来自未受污染的山川湖泊,富含有益人体健康的矿物质和微量元素,酸碱度适中,含有大量活性氧,是人类理想的饮用水。

长期饮用不合格水源制成的自来水,其危害非常明显。当前,杭州市主要采用深度处理净水工艺来保证人们的用水需求。从运行成本和净水效果来讲,其是切实可行的,但深度处理存在一些不足:一是深度处理工艺对微污染水源(Ⅲ、Ⅳ类水)较有效,但当河道水质很差时(氨氮指标值达到5以上,异味很浓),现有深度处理工艺的处理效果就不理想了。而且深度处理工艺一旦确定,对水源水质变化的适应性差。二是季节(温度)变化对深度处理的效果有一定的影响,冬季的处理效果较差。三是嗅阈值为4—5,超出国际标准的3,且出厂水加氯,Ames致突变试验不能全部达到阴性。因此,从以人为本的角度出发,杭州市选择利用境外水源应优先于深度处理工艺。

三、百年大计,提高水源利用效率

中央水利工作会议强调,要把严格水资源管理作为加快转变经济发展方式的战略举措;着力实行最严格的水资源管理制度,加快确立水资源开发利用控制、用水效率控制、水功能区限制纳污3条红线,把节约用水贯穿经济社会发展和群众生活生产全过程;大力倡导、全面强化节约用水,不断提高水资源利用效率和效益。

新安江水电站是以发电为主,并有防洪、航运、灌溉、养殖、旅游、供水等多种功能的大型综合性工程,水库设计正常水位为108米,蓄水量为178.4亿立方米。1979年以来水库运行较正常,年末水量从1979年的89.3立方米,提高到2010年末的98.2立方米。

为了减少咸潮对杭州城市供水的影响，自1979年开始，新安江水电站就开始承担为杭州市抗咸拒潮的任务（1983年华东电管局下文有此内容，1999年国务院下文也有在7—10月尽量满足杭州市抗咸增大下泄流量的要求）。每年7—10月的大潮汛，新安江水电站增大泄量50—100立方米/秒（大约增大泄量3亿—7.5亿立方米水量）。为满足下游抗咸的需要，新安江水库下泄相当于对城市供水10倍以上的水量进行压咸。2003年下半年，由于兰江水量少，新安江水库为压咸，下泄水量就达到10亿立方米，大大降低了新安江优质水源的利用效率。而且，随着取水流量的增大，这种浪费将逐步加剧。

钱塘江河口在1961—2010年的平均年径流量为347.6亿立方米，径流量较为丰富。钱塘江河口的取水设施的年取水量约18亿立方米，仅占河口径流的5%左右，其中用于生活的水量约5.1亿立方米。从总量上看，钱塘江河口水资源还有一定的开发潜力。当前，这种取水基本上是处于一种"按需取水"的无序状态。由于目前取水规模相对较小，这种状态还没有引起大的矛盾。如果不进行统一调度，随着取水规模的增大，将会出现枯水期争水的现象，生活用水会受到影响，河口生态也难以保证。

钱塘江河口径流具有年际和年内丰枯分配不均的特性。从河口取水，没有根据各用水户对水质和保证率的不同要求，以及河口径流丰枯、潮水大小、水质优劣等差别，区分主次，进行统一调度。

综上所述，千岛湖配水工程可以避免水质的不稳定因素，同时可以提高新安江水电站优质水资源的利用效率。

四、统筹城乡，倡导等值供水理念

所谓城乡"等值供水"，就是使农村在生活质量上而非形态上与城市逐渐消除差异，包括劳动强度、工作条件、居住环境及饮用水的标准等。城乡"等值供水"的核心，是将城市供水管网向乡镇延伸，保证城乡供水同网同质。

"等值供水"是统筹城乡发展，切实提高居民生活水平的重要工程，是整合行业资源，实现资源优化配置的必然途径。前几年，浙江积极开展千万农民饮用水工程，推动了乡镇水厂的改造扩容，输水管线进村入户，让农村的自来水普及率比以往有了很大程度的提高。但是，乡镇常用的供水方式通常存在如下问题：

一是大多数乡镇水厂规模较小，工艺流程简单，净水设施简陋，废水排放现象严重，供水水质难以保证。

二是重复建设问题突出。乡镇水厂缺乏统筹规划及与其相适应的实施机制，各地水厂重复建设造成资源的严重浪费，基础设施不能共建共享，不利于统一调配管理，供水能力得不到充分利用，且水质不能保证。

三是乡镇水厂发展能力差。由于技术人员短缺和培训工作落实不到位，乡镇水厂管理水平落后，管理混乱，造成供水系统运行效率低下，可持续发展的能力差。

以乡镇水厂为主的小区域分块供水方式的弊端日益显现，迫切需要按照城乡一体化供水的要求，消除乡镇供水的安全隐患，提高居民的生活质量。

实行城乡一体化供水，一方面能满足城乡经济发展和提高人民生活水平的需要；另一方面，有利于改善支撑城市发展的基础设施条件，有利于全面实施新一轮城市总体规划，加快城市化进程的步伐。特别是城乡一体化供水实施过程中大型水厂的建设，可以做到规模大、数量少，管理集中，基建投资省、占地面积小、运行费用低，容易形成规模效益，有利于企业做强做大。大企业对水源区易于保护，对水处理过程便于管理，对出水水质更容易控制；通过利用最新的水处理工艺技术，能达到全面提升供水水质的目的；通过建立给水系统集中监控调节中心，能实现全自动化管理，做到城乡供水同网、同质、同价，实现社会效益和经济效益的双赢。

五、双源供给，减少城市水质危机

一般来说，城市自来水取水有两种途径：一是直接取用河道水，二是取自大型水库。当某一城市的饮用水完全依赖于一种途径时，会缺乏突变应急能力，容易引发城市的饮水危机。

2011年6月4日23时左右，一辆装载有31吨苯酚化学品的槽罐车在由上海高桥化工厂开往龙游红云化工厂的途中，在杭新景高速公路新安江高速出口互通主路段内抛锚。当车辆正在进行抢修作业时，一辆重型货车与其碰撞，导致槽罐破裂，苯酚泄漏，并造成1名抢修人员当场死亡。事发时恰逢黑夜和暴雨，估计有20吨泄漏苯酚随地表水流入新安江中，造成部分水体受到污染。祸不单行，6月5日下午，余杭水厂和瓶窑水厂取水口水体发现异味。经环保部门对沿线水质监测时发现，上游苕溪临安段水质受有机物污染。6月8日上午，环保部门调查证实，该污染为浙江金质丽化工有限公司违法排污所致。接踵而来的两起污染水源事件，使桐庐、富阳、杭州主城区55万多人置于饮水安全的恐慌之中。

此类连续的污染水源事件，在杭州虽然还是第一次发生，但给用水安全敲响了警钟。杭州供水水源来自哪里？取水口一旦被污染，备用水源有多少，可以支撑多久？杭州人从未如此关心过杭城用水的安全。

杭州共有8个取水地，分别在杭州主城区的珊瑚沙、南星桥、白塔岭，萧山区的闻家堰、富春村和余杭区的奉口、獐山、四岭水库。这8个取水口都直接从河道内取水，相比较而言，河道水易受污染，水质较难保证。其中，6个自来水取水口在钱塘江，一旦钱塘江发生污染事件或受下游咸潮的影响，必然要停止取水，水源单一而脆弱。杭州有两处备用水源，分别是九溪水厂珊瑚沙水库和清泰水厂附近的贴沙河。这两处备用水源也来自钱塘江，对于日均用水量130万吨的杭州来说，备用水源只能维持一天半的时间，可以说是杯水车薪。为了有效地消除饮用水源安全隐患，2010年8月，杭州闲林水库正式开工建造，设计库容是1970万立方米，已于2015年正式建成，可供水量1300万立方米左右。按现在杭州市每天130万吨左右的使用量，如果发生事故，够杭州市用9天左右。要提高城市的供水能力，确保饮用水水源地来水达标，同时也要建设备用和应急供水水源，提高应对供水安全危机事件的处置能力。

松花江污染事件后，《全国城市饮用水水源地安全保障规划》明确要求城市必须建立备用水源，以保证断水后居民的饮水安全。虽然水源污染危机已经及时化解，但以钱塘江水域为主要饮水水源的杭州市，应重新审视流域保护和城市饮水安全这个始终绕不开的大课题。

水危机事件让千岛湖配水方案再次回到公众视野中。“双水源”能降低城市供水的脆弱性，因为备用水库只能解一时之困，拥有优质水源才能一劳永逸。

六、水运复兴，调和发展治理矛盾

钱塘江连接京杭运河和杭甬运河，沿杭州湾直接出海，是长江三角洲航道网向浙江西部的延伸。钱塘江航线是浙中西地区的水运动脉，主要承担浙中西地区（杭州中上游县市、金华、衢州部分地区）与山东、安徽、江苏、上海及省内其他地区物资交流的水上运输重任。从兰江到下游的富春江、钱塘江，由于具备通江达海的天然航道条件，自古被称为“黄金水道”。在2007年浙江省第十二次党代会和2008年浙江省经济工作会议上，省委、省政府提出了建设“港航强省”的战略，将钱塘江中上游航道纳入国家高等级内河航道网。

富春江船闸项目位于杭州市桐庐县富春江水利枢纽右岸，距下游杭州市约110千米，距上游新安江水电站68千米。建于20世纪60年代初，其标准为100吨级，设计年通过能力为100万吨。20世纪90年代以来，由于各种原因，仅在电厂发电时放闸通行，平均每天过闸次数不足2次，造成船闸上、下游常有大量船舶等候过闸的现象，等候的时间最多达十几天，实际过闸量仅为50万—75万吨。钱塘江中上游航道是国家规划的四级高等级航道，应可通行500吨级船舶，目前潜在的货运量超过1000万吨。为了再度振兴钱塘江航运，富春江船闸扩建改造工程已获得省发改委批复，多年来困扰钱塘江中上游航运复兴的“瓶颈”将被打通。2014年富春江船闸扩建改造工程完工后，存在了几十年的钱塘江中上游水运“瓶颈”就此打通，大杭州水路西进也再无阻隔；500吨级船舶能顺利通航，船闸年货运通过能力将达到2560万吨，大量的宜水货物可通过水路运输，使中上游与中下游的物资得以对流。

船闸的扩建，将使钱塘江水运与杭甬运河、京杭运河等浙北航道贯通成网，钱塘江主干航道的航运功能及网络效应将显现出来；同时，更多的生产资料和产品可以在沿海地区和浙西地区之间运输。水运是资源节约、环境友好、绿色低碳、成本低廉的运输方式。随着富春江船闸扩建改造工程在内的复兴航运工程的建设，将大大缩短内河船舶进出海的运输距离，减少航行时间，节约运输成本。这样一来，沿海地区的先发优势将沿着水运大通道辐射到浙西地区。这将有效改善投资环境，吸引大量的社会投资向钱塘江中上游沿江地区转移，促进沿江产业带的形成和发展，撬动欠发达地区的经济快速发展。复兴钱塘江中上游航运，将使钱塘江航运资源得到充分利用，极大增加沿江区域的交通容量。大量货物可从陆路转移到水路，节能减排效果将快速显现，可促成“宜水则水、宜路则路”的综合运输格局。

内河航运是一把双刃剑，既可以带来经济的发展，又会导致河流水质的恶化。

随着内河运输业的快速发展，船队规模的不断扩大，我国大部分内河流域环境日益恶化。从船舶上排入河流及大气的各种有害废气，船舶运输所造成的石油污染及生活废污水的排放，导致内河流域水质严重污染。很多内河水质极度恶化，大量湖泊富营养化，生物大量死亡，旅游资源遭到破坏，严重影响了内河流域的生态环境和生存环境。

钱塘江水运的复兴，将会给钱塘江流域水环境系统带来更大的挑战，促进流域经济发展与保护水质之间的矛盾将更加突出。

七、居安思危，增强防灾减灾能力

杭嘉湖平原地下水的水质，能基本满足《生活饮用水水源水质标准》(GJ3020－93)的规定。1954 年，该平原地下水的开采量递增，最高年(1996 年)开采量达到 1.49 亿立方米。1997 年后由于地面沉降明显加剧，采取了限采措施，至 2000 年开采量降到 1.15 亿立方米。截至 2000 年，杭嘉湖平原地下水的累计开采量达 27.41 亿立方米。

由于地下水超采，形成了大面积区域性地下水下降漏斗，这改变了地下水压力，开采含水层和含水层上下滞水层的压力状况，从而导致地面沉降。地面沉降的危害主要体现在：一方面，城市排水功能下降，加剧了洪涝灾害；降低了防洪排涝工程效能，并造成许多地区农田过湿等后果；制约了经济发展，影响了人民群众的日常生活。另一方面，造成铁路路基、建筑物下沉，公路、桥梁开裂，内河通航能力降低，使地面标高失真，地下管道开裂，机井报废，严重影响城市规划、市政建设。例如，海盐县在20世纪八九十年代工业经济快速发展，地面湖水普遍被污染，地下水深井开挖达到顶峰，全县地下水深井拥有量一度增至130余口（包括企业自备井）。由于过度开采，地面沉降严重，沉降最严重处达到1.78米。

为解决因地下水的超采带来的众多影响，2002年11月7日，浙江省政府办公厅下达了《关于加强杭嘉湖地区地下水管理的通知》，明确提出至2005年底全面禁采地下水的目标要求；嘉兴市在总体规划中做出了“减少工业、生活用地下水开采量，到2005年全面禁采地下水”的决定。在省、市、县三级政府的重视和督办下，至2010年12月底，海盐县132口地下水深井全部封存。

随着工业化、城镇化深入发展，全球气候变化影响加大，极端天气事件频发，对我国相关部门防灾减灾能力的要求越来越高，防御洪涝灾害所面临的形势也越来越严峻。

加快实施千岛湖配水工程，加大杭州城乡给水管网延伸的建设力度，对控制地下水开采，保护地下水资源，避免地面高层进一步下沉，增强防灾减灾能力，坚持可持续发展，具有重要的战略和现实意义。

八、兴水惠民，有效保护原水生态

千岛湖水质优良，是杭州地区理想的供水水源地。环境保护部发布的《2010年中国环境状况公报》显示，在全国26个国控重点湖泊（水库）中，千岛湖营养状态指数为33.1，总体水质仅次于密云水库，位列第二。由于水库大坝以上上游60%的流域面积位于安徽省境内，剩余40%的流域面积基本位于浙江省淳安县境内，流域内的生产、生活污水和面源污染物随地表径流直接进入库区污染水体。因此，千岛湖作为重要的饮用水水源地，必须对其采取更加严格的保护措施。

淳安县积极采取措施，保护千岛湖水质。一是开展了以采砂、网箱养殖、垂钓、船舶生活污水、违章建筑等为重点的“五大整治”，实现淡水湖泊管理制度的重大创新。二是深入开展农村环境综合整治，从源头保护千岛湖。以清洁乡村、新农村建设及生态乡镇创建为有效载体，集中财力大力推进农村户用沼气池、农村生活污水处理工程、农村生活垃圾处理设施等建设，使千岛湖的入水水质得到较大改善。三是加大环保资金投入，环境基础设施建设持续加强。淳安县投资近3.5亿元建成南山、坪山、汾口、城西4座污水处理厂，总设计处理能力达到4万吨/天。2010年，全县城镇污水处理率到达85.75%，有效地阻止生活污水直接排入湖中。

2011年，淳安监测站联合杭州市环境监测中心站，对千岛湖开展成库以来首次有机污染物本底调查，为监测千岛湖积累重要的环境基础数据。随着老百姓对饮用水问题关注度的提高，千岛湖作为饮用水水源的功能越来越突显。但由于安徽省上游地区兴建精化园区，千岛湖面临的有机污染风险在加大，水质安全问题越来越受关注。为保护千岛湖的水质安全和生态安全，此次有机污染物本底调查重点为水质安全积累数据，并对安徽省上游来水中的有机污染物进行筛选，建立重点监控名录，为日后安徽省来水中有机物监控提供重要的技术支撑。由于对千岛湖的保护愈加重视，受水区也在各方面为保护水源提供支持。

九、水安邦安，全面提升生活品质

无水无民生，无水无发展。水是一个城市的灵魂，它关系着人类的生存和城市的发展。改善水环境既是重大民生问题，也是重大的发展问题，更是关系人民群众切身利益的问题。

千岛湖配水工程是为解决我国钱塘江流域地区水资源严重污染、实现水资源优化配置的一项重大战略性基础工程，是从全局出发考虑安排的重大生产力布局，对促进社会稳定、人民生活水平提高及国民经济持续快速增长具有重大意义，其综合社会效益、经济效益、生态效益巨大。

水安则邦安。千岛湖配水工程具有巨大的社会效益：为杭州地区提供充足的优质水，提高人民生活质量；改善供水区投资环境，促进地区社会和经济可持续发展；改善供水区的生态环境，缓解由于水源水质差及水量不足引起的社会矛盾，利于社会稳定。

千岛湖配水工程也是杭州市贯彻落实科学发展观、建设“生活品质之城”的基础工程和民心工程，其重要意义具体表现在以下 4 个方面。

（一）有利于满足居民饮水需求，保障市民的生命权

水是生命之源。水是人的基本生理需求，有水可饮是人的基本生命权利。由于基本生理需求具有刚性的自然特征，有水可饮也就成为人人不可缺少、政府必须保障的基本公民生命权利。科学研究和现实经验表明，人每日饮水量约为 2 升。对于杭州市而言，满足全市数百万人口每日人均 2 升水的刚性生理需求，保障全市数百万居民基本生命权，是其肩负的一项重要任务和不可推卸的基本职责。目前，杭州九溪、南星、清泰、赤山埠、祥符桥五大水厂每日 170 万吨的供水能力，可以满足主城区 400 余万常住人口的用水需求。但是随着城市化的快速推进和杭州城市人口的进一步增加，杭州主城区居民用水需求极有可能突破现有 170 万吨/日的供水能力极限，从而造成杭州部分城市居民无水可饮、无水可用的困境。与此类似，萧山、余杭、富阳、临安、桐庐、建德、淳安等 7 个以新安江为唯一或主要水源的区、县（市），同样将因为城市化的推进和城市人口的集聚，而不同程度地面临供水能力不足的局面。千岛湖配水工程是关系到满足杭州地区近千万城乡居民的饮水需求，保障近千万城乡居民有水可饮这一基本生命权利的民生工程。

（二）有利于提高居民用水质量，保障市民的健康权

优质生活用水是品质生活的基本前提。对于杭州这样一个以“生活品质

之城”为发展战略目标的城市来说，不仅要让广大城乡居民有水可饮，而且要使得广大城乡居民有优质水可饮。唯此才能更好地保障近千万杭州市民的健康权利，同时保障海外及国内游客的优质饮用水供应。科学研究和现实经验表明，引用安全卫生的自来水，可显著降低肠道传染病和各种水介地方病的发病率。此外，民以食为天，食以水为先。没有优质生活用水，也就没有健康的食物和各类健康的加工食品。即便是桶装水，也难以彻底避免在加工和装运过程中发生二次污染。由此可见，卫生优质的生活用水，对于保障千万杭州市民的健康权具有重要的意义。合理使用千岛湖的优质水源，符合中央1号文件精神。首先，千岛湖水源基本属于Ⅰ类水体，水质好，既卫生又安全；其次，新安江水库多年年平均入库径流量为104亿立方米，总库容为216.26亿立方米，供水保证率高；最后，原水水质好，相应的净水处理工艺就简单，水厂原水处理设施的基础性投入和日常处理成本就低。可以预见，随着千岛湖配水工程的建成和分质供水的实施，杭州广大市民及游客的健康权利将得到更好的保障。

（三）有利于增强危机应对能力，实现城市安全发展

随着经济社会的发展，由水危机引发的非传统安全挑战在当今时代越来越多地出现，中国不例外，杭州市也不例外。2005年11月的松花江水污染事件、2007年5月的太湖蓝藻污染事件，以及2011年6月4日建德杭新景高速公路苯酚槽罐车泄漏事故和6月5日苕溪饮用水污染事故，都给我们发出了严重警告：饮用水污染随时可能在我们脚下这块土地上发生，水危机随时可能在杭州市出现。特别是此次作为杭州城市两大供水源的新安江和苕溪竟然几乎同时遭受污染，更是以极端的方式向我们显示了杭州市水危机的极端严重性。水危机不能解决，城市安全发展也就不能实现；而没有城市的安全发展，也就没有城市的科学发展。千岛湖配水工程，不仅引的是千岛湖中无污染、无富营养化的优质水源，而且走的是全部封闭、难以污染的地下管道，水源保证率远比从新安江下游或富春江、钱塘江配水高。同时，也完全符合大型城市要两个取水水源的要求，即千岛湖配水为主水源，现有配水口为备

用水源。可以预见，该工程的建成，必将显著增强杭州市的水危机应对能力，促进城市的安全发展。

（四）有利于避免用水矛盾，实现城市和谐发展

20世纪以来，由于世界各国经济的快速发展、人口的大量增加及工业污染的不断加重，各个国家和地区对水这一紧缺战略资源的争夺愈演愈烈，以至于出现了第三次世界大战将因水而起这一说法。具体到杭州市，供水问题的解决和水资源的分配，同样事关钱塘江上游和下游地区、城市和乡村、城市新小区和老小区、政府和民众之间的利益和关系。如果解决不好，必将引发各种各样的矛盾冲突，从而不利于社会的和谐。千岛湖配水工程，实行长距离分质供水和城乡一体化供水，并为此建立相应的生态补偿机制，不仅有助于克服水资源与土地、人口资源空间配置不匹配的矛盾，而且有助于平衡钱塘江上游地区和下游地区、城市和乡村、经济发达地区和欠发达地区的利益需求；既使杭州主城区和萧山、余杭等地处下游、人口密集、工业发达的地区获得足够的优质水资源，又使淳安、建德、桐庐等地处上游、人口密度较小、工业基础较弱的地区得到合理的利益补偿，从而有助于减少和避免各类用水矛盾，实现区域之间和城乡之间的协调发展，充分实现人人共享优质水源，进而实现城市的和谐发展。

十、水兴邦兴，有力促进经济发展

水兴则邦兴，水是生命之源，更是城市经济的命脉。千岛湖配水工程是一项以满足城乡居民生活供水为主要目标的大型工程，同时还具有改善投资环境、促进产业发展等效益，主要体现以下5个方面。

（一）改善投资环境，提升城市形象

钱塘江水量虽然丰富，但由于受上游工业生活污染的影响，特别是现有取水口受咸潮上溯的影响，供水量受到一定的限制。钱塘江水质虽然基本能

符合水源水质的标准，但总体上比千岛湖水质差，与杭州市规划的直饮水的水质要求距离更大，供水保证率也较低。而北部东苕溪水系的来水比较少，在枯水年、特枯水年份难以满足本区域用水需求，余杭境内城乡用水问题一直是市区存在的主要问题之一。

杭州属于经济发达地区，居民对水质要求较高。特别是杭州作为浙江省的政治、经济、文化中心和国际风景旅游城市，对水质要求更为严格。引入千岛湖的优质水源后，可为杭州市区和嘉兴市提供优质的生活饮用水水源，水质基本可达到Ⅰ—Ⅱ类水标准，可缓解由于水源水质差及水量不足等引起的社会矛盾，提高广大人民群众的用水质量和生活水平，也有利于提高杭州城市的生活品位，保持杭州最具有幸福感城市的形象。

千岛湖配水工程的实施，在提高城区居民生活质量、改善饮用水质的同时，将树立和提升杭州在环境保护及恢复生态平衡方面的城市新形象，提升杭州宜居、创业城市的形象，有效改善杭州市的投资环境，为经济可持续发展打下了坚实的基础。

（二）打造生态品牌，推进旅游发展

杭州市属工程性、水质性的缺水城市，市域范围内河水水质环境的恶化，对城市工业生产造成较大影响，极大地影响了杭州市城市化的形象和声誉。尤其是钱塘江特殊的自然地理环境，流域两岸工业分布较为集中；同时钱塘江作为浙江内河航运的重要流域，航运对原有水生态系统抗冲击能力、修复能力具有一定的影响，制约了生态城市的建设。实施千岛湖配水工程，在改善水源水质的同时，能促进科学、有效地利用钱塘江的水资源，为城市发展创造良好的交通条件，实现城市与自然环境的共生、同融、共长。

杭州是著名的风景旅游城市，改善水质是打造国际一流旅游胜地的重要配套措施之一。在西方发达国家，自来水一般都能直接饮用。而国外游客到发展中国家旅游，一般都不敢生饮自来水，担心水质不安全，担心自己的身体健康受到危害，为此游客不得不改变自己的生活习惯。可见，水质直接影响到旅游目的地在游客心中的形象。因此，优质水源是旅游业发展中的重要支

撑。改善水源水质,对提升杭州市的水环境质量、提高游客的满意度,会起到十分重要的作用;生态的不断修复、生态环境的不断改善,更是旅游城市发展的根本。随着千岛湖配水工程的实施,杭州旅游业的竞争优势将更加明显。

(三)优化资源配置,统筹城乡发展

实施千岛湖配水工程,不仅是解决杭州地区缺水、水污染问题的重要措施,而且可以逐步遏制受水区生态环境的恶化。由于杭州市长期缺水,为了维持社会经济的发展,不得不大量挤占环境和农业用水,过量开采地下水,导致地面沉降与塌陷,洪涝灾害加剧,河道排涝能力降低,水体污染严重,生物多样性受到严重威胁,生态环境日趋恶化,地区之间和城乡之间矛盾日渐突出。这些问题严重阻碍了太湖流域和钱塘江流域社会经济的可持续发展。实施千岛湖配水工程,可以有效地给受水区供应城市生活用水,遏制地下水的超采,逐步改善和恢复生态环境。实施千岛湖配水工程,有助于建立合理的、科学的水价形成机制,借助经济手段进行调节,依托市场加以配置;有助于按照资源节约型、环境友好型社会的要求,合理开发水资源,科学配置水资源,促进资源与经济社会、生态环境协调发展。同时,还能相应减少污水排放量,不断改善生态环境。

杭州市农村人口众多,而且农户居住分散,村庄规模不大,集体经济薄弱,农村供水事业发展的规模、水平、档次、速度总体仍偏低,且各地发展不平衡。由于河网水质普遍被污染,个别地区的工业污染还相当突出且污染时间长,土壤中不同程度沉积或溶入一定的污染物。实现千岛湖配水,可以解决农村供水水源、农村安全饮水等问题,实现城乡供水一体化,从而加快城乡统筹发展。

根据浙江省城市化发展纲要和杭州市的城市总体规划,今后一段时期,杭州市区的覆盖率将达到84%。同时,面对城乡交融日益加强的趋势,以及全面建设小康社会、率先实现现代化的新形势,杭州市正在积极推进城乡一体化工作,促进城乡统筹发展。而水资源已成为这些地区城市化和城乡一体化发展的重要影响因素。千岛湖配水工程的实施,引优质水到杭州市区,将

解决区域的缺水、咸潮停水等问题，提高优质水供水保证率。同时，通过统一配置水源管网，撤并村办小水厂，可实现城乡供水一体化，扩大供水范围。

（四）调整产业结构，转变增长方式

根据浙江省水资源环境的特点且利用千岛湖水资源容量的优势的配水工程，既可解决居民优质水资源的短缺问题，也为受水区经济发展提供了水源保证。由于千岛湖配水工程的成本较高，相应地需要提高供水水价，工业用水面临着用水成本上涨的问题，这势必相应提高企业的生产成本，对产业层次提升提出了更高要求。对于企业而言，原有的粗放式经营方式将难以为继，需转变经济增长方式，限制耗水量大且技术含量和效益低下的产业；需要选择节水型、高效型的产业，限制建设粗放式、高耗水型企业。同时，配水工程在实施中通过引入市场经济方式，客观上要求建立节水型城市、节水型工业和节水型社会，从而促进各地充分考虑水资源承受能力，严格限制高耗水产业的发展，合理调整地区的产业结构，促进社会保障体系良性发展和城市建设开发有序进行，逐步建成现代化、高品位、适合人居住的开放性区域。

另一方面，提高水质有利于新兴产业的发展。电子信息行业作为新兴产业发展迅猛，产值达万亿元的电子行业与纯净水关系密切；对电子产品的质量要求越高，对水质的纯净程度要求也越高。20 世纪 50 年代末，电子管风行和半导体在国内刚浮现之时，制取纯净水是保证产品质量的重要环节。到 20 世纪 80 年代末制订的高纯水标准，代表了我国纯水制备的水平。在医药生物制品方面，水主要用于制剂、配液和冲洗，其特点是除对其中的含盐量、铁、锰都有一定的要求外，尤其对细菌、热原的去除要求极高。特别是医用注射用水，除了将水中的杂质、离子去除外，还需采用膜法或多效蒸馏法将原细菌、热原去除到符合药典要求的水平。

要使水的利用从低效率的经济领域转向高效率的经济领域，水的利用模式从粗放型向节约型转变，就要提高水的利用效率；在促进产业转型的同时，倡导节约用水。

(五)促进产业集聚,优化空间布局

千岛湖配水工程的实施,特别是引入分质供水的方式,对杭州市优化空间布局、推进产业集聚发展具有重要意义。通过配水工程的建设,推进供水等基础设施在区域内共享,有利于提高产业用水的保证率,为产业发展和结构优化提供重要支撑;有利于工业园区的整合、提升,优化杭州市的工业布局。配水工程实施后,实现大分质供水,原来的生活用水置换为工业用水,也可为产业用水提供充分保证;同时,大分质供水的方式,使一般性用水企业和特殊需求用水企业相对集中,从而引导产业相对集中布置,有利于优化产业的空间布局。生产力布局的调整和工业布局的优化,能使有限的环境资源发挥更大的经济效益。

第五部分　配水工程的实施可能带来的风险及化解

配水工程是调节区域水资源时空分布不均、实现水资源合理开发利用及实现水资源优化配置的重要手段。它能缓解缺水地区及沿线地区的工业、农业及生活方面的用水紧张问题，促进地区经济发展，但同时对调出区、输水区及调入区会形成不可忽视的生态环境负效应。要全面反映配水工程实施后可能产生的影响，就要综合考虑经济、社会、环境、资源和工程技术之间的复合关系。它们之间不是简单的相加，而是一种相互影响、相互制约、协调共生的关系。为了正确反映这些复杂的内部关系，本部分首先提出配水工程可能产生的衍生问题，并引用浙江省水利水电勘测设计院定性分析的研究结论，探讨衍生问题的化解途径。

一、配水工程对流域生态环境的影响

配水工程是一项复杂的系统工程，对流域的生态既有有利的影响也有不利的影响，有直接的影响也有间接的影响。不利影响主要有水量减少，污染物稀释水量减少，流域水环境压力增大，水流条件恶化，下游河道河流自净能力下降，水环境容量减少，水环境质量下降及生物多样性被破坏，等等。

（一）对取水口下游航运、用水及水环境的影响

配水工程的实施和运行，即区间水量的重新分配，会减少被调流域的径流量，导致下游航深降低、河道冲淤规律变化。当取水超过一定数量之后，会影响该流域的工农业用水、人民生活用水和生态环境用水，最终制约区域经济社会的发展，并引起生态环境的恶化。如塔吉克斯坦的卡拉库姆调水工程，大量地区从阿姆河上游调水，使阿姆河流域径流量减少，导致阿姆河

下游三角洲及咸海湖水量失衡。近30多年来,咸海来水量明显减少,因强烈的蒸发,湖泊水面面积减少了一半,湖水咸度却增加了4倍,咸海沿岸地区土壤盐碱化加剧,在沿岸生活的妇女的贫血患病率偏高且婴儿死亡率上升。[①②]

(二)被调水的河流河口咸水海水入侵,泥沙淤积

在水量调出的河流下游及其河口地区,因下泄径流量减少,会引起河口咸水回流倒灌,抗咸冲沙能力降低,导致河流三角洲地区地表水和地下水水质恶化,河口区淡水生态系统遭到破坏。如苏联的北水南调工程使斯维尔河径流量减少,结果导致拉多加湖水中无机盐含量、矿化度、生物性堆积物的增加和水质恶化。

(三)对钱塘江流域水平衡的影响

千岛湖配水工程的实施,会对钱塘江流域生态产生一些影响,如钱塘江流域的水文情势及供排水状况发生变化,进而对流域水环境产生影响。而生态环境的改变,对生活、生产又具有重要的影响;而且一旦配水工程开始实施,对环境的影响很难逆转和改变。

钱塘江下游为钱塘江河口区,从千岛湖配水,上游径流量的减少将对河口区产生一定的影响,比如使径流与潮流比减小,破坏咸淡水平衡,引起河口和近海生态系统的变化,泥沙淤积加重,咸潮进一步上溯。此外,加上浙东配水的实施,将对河口地区的生态环境带来长期累积的影响,如使河口生物的种群结构、数量发生变化,湿地系统受到破坏等。

---

① 陈玉恒:《大规模、长距离、跨流域调水的利弊分析》,《水资源保护》,2004年第2期,第48—51页。

② 李善同、许新宜:《南水北调与中国发展》,经济科学出版社2004年版。

二、配水工程对华东电网运行的影响

千岛湖配水工程对新安江、富春江水电站发电量有一定的影响。因为配水后，电站的下泄量会减少，电站的发电量会减少，电站的保证出力也会降低，这就导致调峰调频能力降低，事故备用、爬坡、卸荷能力降低。

新安江水库有足够的库容，除满足紧急事故备用的需求之外，更适合于承担较长时间的事故备用，这是抽水蓄能电站或网内其他电站所不具备的。对于较长时间的事故备用的经济补偿，这里难以定量化，将在电网安全指标中进行描述。华东电网中已建常规水电站的总装机容量为1942兆瓦，其中新安江电厂为810兆瓦，已建、在建的抽水蓄能电站总装机规模容量为4860兆瓦。抽水蓄能电站具有填谷、调峰的双重作用，是一个良好的调峰电源，但一般属于日调节库容，不能实现较大的事故备用效能。

新安江水电站目前仍是华东电网中调峰、调频和事故备用的骨干电厂。除了完成正常的调频、调峰任务外，在华东电网的事故备用顶出力中，起到了十分重要的作用。根据新安江水电厂顶系统事故出力统计，1963—1976年，共顶事故75次，顶事故出力17 838.SMW，平均顶事故出力237.8兆瓦。1977—2002年，共顶事故1217次，顶事故出力345 687.SMW，平均顶事故出力284兆瓦。华东电网中最大事故出力为670兆瓦，其中新安江最大顶事故出力为650兆瓦。新安江、富春江电站在华东电网中有其独特的重要性，直接配水后重要性将有所削弱。由此将影响其承担的电网调峰、调频和事故备用的任务，特别是对较长时间的事故备用影响更大。

因此，电网经济补偿应分两部分：电站由于电量减少所导致的经济损失；由于保证出力的减少，导致调峰能力，事故备用、爬坡、卸荷能力的降低涉及的电网安全、稳定、经济运行等动态效益的损失。据初步测算：新安江电站保证出力降低4.0万—6.0万千瓦，新安江、富春江水电站电量减少3亿—3.5亿千瓦·时（年发电利用小时5000—8760），调峰能力降低1/4—1/3，即20.2527万千瓦。由于保证出力降低、发电量减少所需的经济补偿，若用燃气轮机组替代，需增加燃气轮机组投资9.6亿元，净增年运行费达8550万元。调峰能力及事故备用、爬坡、卸荷能力的降低，若用相同容量的蓄能机组来替代，如以浙江桐柏抽水蓄能电站的建设费用和运行费用（桐柏抽水蓄能电站装机容量120万千瓦，单位投资为2660元/千瓦，运行费用为0.016元/千瓦·时）为基准计算，则需投资5.39亿—7.18亿元，年运行费为3240万—4320万元。

三、河口可配置水资源量的分析结论

根据浙江省水利水电勘测设计院完成的“千岛湖配水对钱塘江河口可配置水资源量影响分析”课题，相关的主要结论如下。

第一，根据钱塘江河口闸口、七堡、仓前等测站20多年（1981—2005年）的实测资料分析，河口含氯度由下游往上游逐渐递减，钱塘江河口含氯度纵向梯度分布及变化特征明显；钱塘江河口含氯度时间亦存在较为明显的年内、年际分布不均现象，通常发生在杭州取水口附近的咸水入侵主要是每年的7—12月，咸水入侵较为典型的年份有1994年、1995年和2003年等。

第二，利用新安江电站和富春江电站调度图，计算得到1961—2008年新安江电站、富春江电站仅以发电调度为原则（不考虑抗咸工程运行条件）的理论下的泄流量。与富春江电站下游芦茨埠电站的实测流量进行比较分析可知，实际下泄流量由于考虑了下游取水口额外的压咸需要，使得理论计算与实测下泄水量存在一定的差别。选取满足95%供水保证率的1995年为典型年，统计该年内大潮期间的水量与实际相差约为3.6亿立方米。该部分水量即为实际额外增加的压咸水量，但该年取水口实际仍存在盐度超标情况，仍需进一步加大压咸下泄水量。

第三，采用MIKE21模型的水动力模块、泥沙输移模块及对流扩散模块对钱塘江河口盐度进行模拟计算。再采用水文泥沙实测资料对模型进行了率定和验证。从仓前、七堡等测站的盐度验证结果来看，模型较好地反映出了钱塘江河口盐度上溯及时空变化过程，计算精度基本满足误差控制要求，表明模型可用于钱塘江河口咸水入侵的反演计算分析。

第四，选取满足95%供水保证率的1995年为典型年，在实测富春江电站下泄流量的基础上，根据闸口站含氯度超标的各个时段及幅度，对所需增加的压咸水量进行反演计算分析。经统计，需增加的最大逐时下泄流量为500立方米/秒，连续以最大补偿下泄流量的时间为3天，全年需增加压咸水量约为5.9亿立方米。根据结论二，1995年富春江电站实际下泄流量过程中已包含了3.6亿立方米压咸水量。因此，在1995年的水文条件下，为满足闸口站含氯度符合取水条件（<250毫克/升），总压咸水量约9.5亿立方米。

第五，根据《钱塘江河口水资源配置规划》，在保证河口生态环境需水（包括压咸水量）的前提下，可向两岸供水68.2亿立方米，其中浙东配水量为8.9亿立方米。若杭州市直接从新安江水库取水，则原留作压咸的水量可调整为两岸的供水水量。因此，千岛湖配水工程实施后，并不会减少钱塘江河口可利用水资源量，反而可以增加可配置水资源量约9.5亿立方米。这将大大提高钱塘江河口水资源可利用量，为钱塘江河口两岸平原用水提供更好的保障，同时对相对缺水、浙江海洋经济带中的重要节点——宁波、舟山的淡水资源补给也大为有利。

四、配水工程对水环境影响的总评价

浙江省水利水电勘测设计院编制了《千岛湖配水工程水质评价及配水对千岛湖及其下游河道的水环境影响分析》专题报告。该报告从千岛湖配水工程对千岛湖及其下游河道水环境影响的角度进行了分析，结论是千岛湖配水工程不存在重大的限制性因素，影响范围和程度是可接受的。

千岛湖配水工程的配水量，在河口区可利用水资源量的允许范围内；在较枯水期，通过新安江电站的调节，不会明显减少枯水期的下泄流量，但在平水期及丰水期时，下泄流量会较现状有所减少，年平均减少约19.9%；富春江坝址以上集水面积较大，通过富春江水库的进一步调节及区间水量的补充，使富春江水库及坝下河道进一步减小；千岛湖配水工程的实施，基本不会影响坝下建德及富春江库区两岸的用水，富春江水库以下的水量减少比例较小，影响相对较小；将使枯水期河口区河道淤积情况更加严重，对洪水位的影响程度较小。工程实施后，对新安江水电站下游附近段水质基本无明显影响，再向下游，枯水情况下的水质略有影响，但相对较小；对千岛湖及新安江水电站下游附近段水温无影响，对富春江水库区及下游略有影响，但不显著；对下游鱼类等的生态环境和河口区的生态需水量等不会产生明显的不利影响，均在可接受范围内。

总之，根据《千岛湖配水对钱塘江河口可配置水资源量影响分析》和《千岛湖配水工程水质评价及配水对千岛湖及其下游河道的水环境影响分析》两份研究成果的结论，千岛湖配水工程的衍生问题不明显，并能较好地被化解。

第六部分　必要性论证的结论和建议

当前和今后一个时期，“水利工作要把切实保护好饮用水源，让群众喝上放心水作为首要任务”。中央1号文件明确提出，要把饮水安全工作作为维护最广大人民根本利益、落实科学发展观的基本要求。按照中央要求，水利部及时部署，提出饮水工作重点由饮水解困转向饮水安全，并将其作为水利工作的首要任务。千岛湖配水工程的实施，不仅能让广大人民喝上放心水，也将提高广大人民的健康水平。

本部分在全面分析杭州经济发展特征的基础上，借鉴有关水资源可持续利用、水资源可承载能力、水资源合理配置等方面的研究成果，深入分析了千岛湖配水工程对资源、经济、社会及环境等各方面的促进与影响，较系统地论述了千岛湖配水工程的必要性。

一、配水工程必要性论证的主要结论

（一）德政民心，改善饮用水源水质

保障饮水安全是广大群众最关心、也是最现实的民生问题之一，改善饮用水源水质是追求生活品质的基本要求。保障饮水安全与改善饮用水源水质的根本途径是实行供需双向调节，切实提高水资源配置能力。一方面强化用水需求管理，遏制城镇用水的不合理增长；另一方面加快城市水源工程建设，提高城镇供水保证率。

杭州市主要水源钱塘江受上游污染，致个别污染物指标较差，水质低于Ⅲ类水标准，且每年7—10月的用水高峰期受咸潮威胁。

更重要的是，突发性水污染威胁始终是杭州人的心腹大患。若兰江兰溪段发生重大水污染，将造成建德梅城以下钱塘江沿线的梅城、桐庐、富阳、杭

州主城区的自来水供应全线告急。尽管杭州市正在建设闲林水库(供水库容为1794万立方米)作为应急备用水源,但其也只能低压供水维持3天多时间,而沿线桐庐、富阳将有可能发生大面积断水,甚至产生严重的社会问题。为保障杭州主城区和沿线各城镇的供水安全,建议将水源地选定为千岛湖库区。

(二)调整功能,优先考虑生活用水

1957年,国家水利部批复,新安江水电站工程"以发电为主,兼有防洪、灌溉、渔业、航运、旅游等综合利用"。新安江水电站投产初期(20世纪60年代),供电范围为上海、杭州、南京地区,对浙江省以至华东地区的经济建设发挥了重大的作用。随着时代的变化和地区经济社会的快速发展,流域地区对水库发挥更大防洪、供水作用提出了更高的要求。

千岛湖配水工程实施后,为确保供水安全,水库在满足防洪调度的前提下,要为供水留有足够的调节库容,以保证供水任务的完成。根据合理利用水资源的目标,沿袭已久的水库调度制度已不相适应。调度制度和管理体制有待改进,以充分发挥水库的综合效能。建议省政府对新安江、富春江水电站的运行提出如下要求。

1. 功能性调整

当前新安江水电站的兴利用水,主要是发电和顶潮拒咸用水,实际的运行中遵循"以水定电,灵活调度"的原则。供水工程实施后,应相应调整水库的运行调度原则,实行"供水优先,以水定电,灵活调度"的原则。实际运行调度中,应适当减少发电用水,预留足够的供水库容和电网事故备用发电库容,确保供水和电网安全,必要时可动用死库容进行供水和事故备用。

2. 技术性保障

为确保连续枯水年的供水,通过长系列逐日径流调节,水库需设置10.71亿立方米的供水专用库容。该库容要位于死水位86.0—88.9米之间。因此,设立新安江水库供水死水位为86.0米,将发电死水位抬高至89.0米。当水位在89.0米以下时,应限制常规的顶峰发电用水。

二、配水工程必要性论证的主要建议

(一)提升水质，局部实施分质供水

建议杭州市采用政府统一管理的供水模式，原水统筹，确保源头水质，实施“全面提高水质行动计划”，原因在于：

(1)居民日常饮用、生活用水都需要好水，即亟须全面提高水质；

(2)某些工业(精密仪器、食品等)用水对水质的要求也高；

(3)杭州市的部分是老城区，其地下空间有限，铺设两套供水管道难度大；

(4)分质供水对管理要求高，且检修麻烦。

分质供水是杭州市供水的一种局部、暂时的有益补充，建议局部实施分质供水。原因在于：

(1)新小区、开发区、集中工业园区、学校和军营等可以考虑分质供水；

(2)目前桶装水质量合格率低，容易二次污染且相关行业盈利少；

(3)水站不易坏，且维修时间短，可以作为杭州城市公共供水系统的应急保障系统。

(二)明确职责，加强对水源地的保护

2010年，我国第一部饮用水水源地环境保护规划《全国城市饮用水水源地环境保护规划(2008—2020年)》出台。千岛湖作为重要的饮用水水源地，必须对其采取更加严格的保护措施。

目前的对饮用水水源地的保护尚处于狭义的保护层面，保护措施和效果比较容易达到。要想实现真正的保护，因水源地大多依赖河流、湖泊、水库等，就需要改变各城市对于水源地保护“各家自扫门前雪”的状态。更关键的是，还要对水源地所处区域和流域进行全面保护。在千岛湖配水工程实施的同时，应实施国家层面的钱塘江流域生态保护和原水地生态保护两大战略。

1. 建立饮用水地表水水源保护区

将千岛湖水库区列为省级重点饮用水水源保护区，淳安县在继续执行《千岛湖水环境管理办法》《关于在全县范围内禁止销售、使用含磷洗涤用品的通知》等规范性文件的同时，在《饮用水水源污染防治管理规定》的基础上，制定《新安江水库饮用水源保护区污染防治管理办法》。同时，根据配水工程对水源地取水口位置选择的最终方案，尽快划定千岛湖水库饮用水水源地一级保护区、二级保护区和准保护区的水域与陆域范围，并对各级保护区制定相应的水质目标和保护实施细则。如对取水口所在的富文湾内的10平方千米水域，严格按饮用水地表水源一级保护区进行保护；对水库库区440平方千米内的水域，严格按地表水源二级保护区进行保护。在各级保护区内开展的生产、生活等活动，应严格执行《饮用水水源保护区污染防治管理规定》。对途经库区的车、船实行严格的准入制度，严禁装载有毒、有害化学危险品的车、船进入库区公路，防止污染事故的发生。

2. 加强对水源地保护的领导与管理

千岛湖水库的水源保护工作，是一项跨地区、跨部门、跨行业的综合性系统工程。建议成立饮用水水源保护领导小组与管理委员会，由浙江省、杭州市及淳安县政府主要领导牵头，水利、环保、城建、卫生、国土、公安等职能部门分工合作，并争取安徽省及黄山市的相关部门配合，协力做好水源地的日常监督与管理工作。

3. 大力削减污染物排放量

一是加快产业结构调整步伐，合理布局工业区位，实施污染物排放总量目标控制制度。在积极、稳妥地推进第一、二产业发展的同时，应大力发展第三产业。大型供水水源保护区内，应充分利用当地的生态资源和劳动力资源，有重点地发展旅游业，并结合工业化和城市化进程，大力促进产业结构的战略性调整。采取禁止、限制、优先支持的方法进行调整，严格控制保护区内能耗大、污染重的工业的发展，限制化学制品制造业和化学原料、造纸及纸制品业的发展规模，优先支持低能耗、低污染行业。根据水源地上游来水量和控制断面水质目标，合理确定各类污染物排放控制目标，实施保护区内污染物排放总量控制和奖惩制度。二是控制农业污染，改善水环境质量。积极鼓励发展生态农业。通过生态农业建设，调整农业种植结构，大力发展无公害、绿色、有机农产品，减少化肥农药的施用量；积极推广农业废弃物的综合利用技术，实现农业废弃物综合利用的资源化、商品化和社会化。全面推广科学、合理施肥技术，鼓励以秸秆还田、禽畜粪便利用、生物肥和复合肥等有机肥的使用，以控制氮、磷流失量。三是加强水产养殖污染控制。通过规划和合理布局，提出千岛湖水库水网箱养殖控制面积和布局，严格控制重点水域网箱养殖规模。在规划养殖区内，推广放养结合、立体养殖等生态水产养殖方式，减少水体浮游生物，控制水库水域营养程度。四是加大投入，加强城镇和农业生活污水治理。淳安县特别是千岛湖镇是直接进入水源保护区水体的生活污染源，应加快对其污水管网的改造和建设，逐步建立雨污分流的城市排水系统，提高生活污水截流率；规划建设的日处理生活污水1万吨的污水处理厂应加快建成，投入使用。同时，随着千岛湖旅游业的不断发展，旅游开发岛屿和经营使用权出让、承包的岛屿的生活污染物集中处理问题的解决也刻不容缓，应尽快研究解决方案，付诸实施。有条件的重点镇（如威坪、汾口、临岐、文昌、富文等）也要逐步开展生活污水集中治理活动，或以工业污水集中处理带动生活污水集中处理。山区农村以卫生改厕为主，通过生态村镇建设，鼓励村民逐步相对集中居住，再通过建造小型、地埋式、高效率的生活污水处理装置或污水处理净化沼气池等，推进农村粪便污水资源化利用。五是加强库区船舶的运营管理。要提高各类船舶司乘人员的环境保护意识，各类运营船舶上的生产、生活垃圾废物应集中收集，上岸处理，严禁直接倾倒入库。要制定库区旅游环境保护规定，加强对游客的管理，防止因旅游开发而污染库区水质。对库区水运货物要进行分类管理，严禁有毒、有害的物质通过库区水路运输。

4. 重视技术，科学管理

一是调查入河排污口。细查库区及上游各类污染源的分布状况，进行入河排污口登记，建立有关工业、生活等污染源污染物排放形式、排放量及污染物浓度等的档案，全面掌握污染动态并加强监督管理，杜绝新的污染源产生。二是加强水质监测。充分利用现有的水质监测站点(包括2002年在浙皖交界断面建成的国家级自动监测站)，完善水库水质监测站网，监控水质变化情况，并按月定期发布水库水质通报。发现水质出现异常情况时，应及时报告政府有关部门采取相应措施。省水行政主管部门要重点监测浙、皖行政区界水质，确保上游来水水质达到水功能区目标，发现重点污染物超标时应及时向流域机构报告，由流域机构协调安徽省采取治理措施，限期达标。市、县水行政主管部门应加强对库区及入库的其他支流的水质监测，对于支流来水不达标的，应及时报告当地政府采取治理措施。

5. 着力发展生态产业

淳安县经济与环境必须协调发展，注重在保护中加快发展，通过发展推进保护。在利用丰富的自然资源和生态资源时，突出环保优先的原则，大力发展生态工业、生态农业、生态旅游业，强化生态城镇建设，着力推进生态文化，走生态保护与经济发展"双赢"之路。

保护好源头，既能减少净水、输水环节的投入，又能提升安全保障水平，是最为经济高效的饮用水安全保障措施。

(三)合理配置，化解流域生态问题

配水工程在缓解缺水地区及沿线地区的工业、农业及生活用水问题，促进地区经济发展的同时，对调出区、输水区及调入区也存在着不可忽视的生态环境负效应及潜在危害，一些工程技术方面的问题也不容忽视。因此，在进行配水工程调水研究时，要正确评价各流域、各地区的水资源供需状况及社会经济的发展趋势，正确处理流域之间、地区之间、部门之间的水权转移和调水利益上的矛盾和冲突。对缺水流域和地区，应采取相应的节水、保护水资源、防治水污染措施，提高水的重复利用、污水回用等技术，以减小跨流域调水工程的规模，减少工程投资和运行管理费用，提高工程效益，促进水资源合理配置。应根据技术上可行、经济上合理、地区间矛盾易解决、环境和社会影响较少的原则，合理开发水资源，尽量减少对生态环境的破坏和改善受水地的生态环境。

1. 依法实施钱塘江流域生态保护战略

可以通过配水工程，使各级政府对杭州市乃至浙江省、跨省的水资源保护进行长远的战略设计，调整水资源保护理念，优化水资源保护策略，使浙江和安徽两省在经济社会发展的同时，长期保有优质水资源或优质生态环境。

通过配水工程，推动《中华人民共和国千岛湖水资源保护规划》《浙江省钱塘江流域生态保护规划》和《杭州市千岛湖原水保护规划》的编制和实施。《中华人民共和国千岛湖水资源保护规划》涉及浙江、安徽两省，应积极争取两省政府、中央政府的支持，建立科学合理可持续的经济补偿机制。《浙江省钱塘江流域生态保护规划》主要涉及浙江省杭州、金华、衢州3市，在改变杭州市原水地的基础上继续加大综合治理力度，努力提高整个钱塘江流域的生态质量。《杭州市千岛湖原水保护规划》是针对原水保护区的专项规划，主要涉及淳安县和建德市。

争取由全国人大颁行《中华人民共和国千岛湖生态保护条例》，由浙江省人大颁行《浙江省钱塘江流域生态保护条例》，由杭州市人大颁行《杭州市千岛湖原水保护条例》，加大法律保护力度。

同时，建立涉及各个层面的各级政府水资源保护责任制，依法对其进行考核。

2. 对水质化学成分进行跟踪检测

杭州的水质检测主要依据国家标准，部分参考欧洲联盟标准。而国家标准要求很低，甚至低于世界卫生组织制订的适用于第三世界国家的国际标准。欧洲联盟标准则精细得多，但由于其中原水体系与工业体系、农业体系完全分开，且原水质量普遍较好，一般不会出现特别的有害物质，所以对许多有害化学成分的检测并不考虑在内。中国的原水体系与工业体系、农业体系完全交织在一起，水体在工农业有害物质完全的开放式渗透之下，甚至包含大量的有害物质，仅达到国家标准或欧洲联盟标准，根本不能说明水质的安全性。建议对与水源地相关的企业或块状经济所产生的所有有害物质如重金属、有机污染物等进行调查，并进行数字登记，再常年对水源中的这些物质进行检测。同时，对居民血液中的相关物质进行定期监测调查，加强疾病相关性研究，以保证水质在真正意义上实现安全。

◎ 第二篇

杭州市第二水源千岛湖配水工程供水方式研究

21世纪以来，我国在推进城市化进程中，围绕以城市为中心的供水、排水、水环境保护等问题日益突出，水资源紧缺、水环境恶化、水灾害加剧等水危机已露端倪，并呈全面加重的趋势。在未来，水危机必将成为困扰我国社会经济持续发展的重要制约因素，是我国城市管理者和决策者不可回避的大问题。

面对水资源缺乏的严峻形势，为了解决城市及其周边地区生产、生活用水的问题，除了采用大规模、远距离配水的方法来缓解之外，更重要的是节约用水，控制水资源污染，并且合理地利用水资源。很多发达国家在努力保护水资源环境的基础上，加大对污水处理的投入，实现了生活用水与工业用水相分离，提高了水资源的重复利用率。

长期以来，包括杭州在内的我国城市供水系统基本都采用统一给水方式，即不管什么用途都按标准饮用水供给。在过去经济不发达时期，用水量不大、用途种类单一的情况下，采用这种方法还是可行的。可如今，优质水资源十分紧张，且在水用途日趋多样化的情况下，仍然采用统一供水方式，就是对水资源的极大浪费，也是对人力、物力与能量的浪费。更何况，杭州市现有的统一供水方式越来越难以满足未来人们对高质饮用水的需求。为此，杭州市探索实施“分质供水”措施也就显得尤为紧迫。

第一部分　城市分质供水的展望

新形势下，随着我国经济社会发展和人民生活改善，各方对水提出了新的要求，发展和水资源紧缺之间的矛盾也更加突出。一方面，随着人们生活水平的提高，对城市供水的要求已从水量的满足提升到对水质和服务的关注上；另一方面，水资源稀缺性的出现，使得人们必须充分利用各种可以利用的水源。因此，探索一条符合杭州市实际的分质供水模式，加快杭州节水型城市建设，提高杭州城市生活品质，显得尤为紧迫。

一、国外城市分质供水概况

分质供水，是指有两套或两套以上的管网系统，分别输送不同水质等级的水，供给不同用途的用户的一种供水方式。分质供水在国外有着长期的应用历史。国外现有的分质供水，都是以可饮用水系统为城市主体供水系统，而将低品质水、回用水另设管网供应，用作园林绿化、清洗车辆、冲洗厕所、喷洒道路及工业冷却等，称为非饮用水。非饮用水系统通常是局部或区域的，作为主体供水系统的补充。设立非饮用水系统的着眼点，在于节约水源及降低处理费用。目前，国内普遍关注的分质供水，是指另设管网供应少量专供饮用的直饮水，而将城市供水作为一般用水，这同国外分质供水有着很大的区别。

（一）国外城市分质供水发展历史

早在约 2000 年前，罗马城就由奥古斯都皇帝建立了世界上第一个双管道的分质供水设施：饮用水供居民饮用，非饮用水用于浇灌庭院、冲洗住宅及洗澡。19 世纪末，巴黎开始兴建较大规模的饮用与非饮用二元分质供水系统。20 世纪以来，随着工农业生产发展，城市化进程加快，城市及其附近的地表水体几乎都受到工业“三废”、农药、化肥及生活废弃物不同程度的污染，城市水体污染愈加严峻。为此，一些国家采用分质供水的方式作为提高饮水质量及合理利用水资源的措施之一。一般城市中用于人们饮用的水不到总用水量的5%，大量的城市供水用于非饮用方面，这种非饮用水水质等级可低于饮用水水质标准。因而不少地区采用了生活用水与工业用水，或者饮用水与非饮用水的分质供水方式，以降低大量水深度净化处理费用及科学合理地利用优质水资源。

20世纪中期以来，以日本、美国为代表的发达国家都比较重视对双管道（二元）或多管道（多元）分质供水技术的研究与开发应用。日本在不少大中型城市中建立了上水道（供饮用）、较大型的工业水道及中水道供水系统，实行分质供水。美国主要建立一些将处理后的废水重复利用的非饮用水系统。

（二）日本城市分质供水的概况

日本的城市分质供水体系完善、范围较广、规模较大而且类型丰富，部分城市设有3种供水系统：生活用水、工业用水及杂用水，分别由上水道、工业水道及杂用水道（又称中水道）输送。20世纪60年代以来，日本陆续在几十个城市中建立了工业水道。20世纪90年代初，日本全国已有工业用水道事业体117个，供水能力为2189万立方米/天，输水管道约6000千米，分布在近50个都道府中。据近期资料，日本上水道供给的生活用水成本仅约为25日元/立方米，因此工业水道的普遍采用可节省大量饮用水及净水处理费用。

日本对杂用水供水系统的研究已达几十年。在20世纪50年代已有若干利用杂用水的实例，到六七十年代杂用水的利用逐渐增多。“中水”主要是指城市污水或生活污水经处理后达到一定的水质标准，可在一定的范围内重复使用的非饮用水。杂用水有时也包括部分未经处理的河水及雨水。利用杂用水的目的是缓和供水紧张地区的供水矛盾，减轻城市下水道的负担，有利于排水的有效利用，其也作为城市节约用水的措施之一。中水主要用于不与人体接触的地方，如浇洒道路、洗车、工业冷却、园林浇灌、水景补偿及消防等。中水可以在一定的区域内，或一个建筑群、一所建筑物内重复利用。目前日本全国杂用水利用设施约有400余个，仅东京都一地已建和计划建造的中水道设施就有60余处。[①] 日本山田贤茨等还提出在建筑物中再增加一个“上质水道”，即对一般的生活饮用水再经过深度净化处理，专供饮食与烹调用，日本已有此种应用实例，但均为小型系统。

在城市，日本也实施分质供水，如东京已经使用两套管网进行分质供水。东京目前有10余个净水厂，总供水能力约为600多万立方米/天，大多以河水为原水。该市为减轻工厂抽取大量地下水而产生的地面沉降危害，于1956年制定了工业回用水法，另外建立了工业水供水体系，以地表水及回用水代替地下水，从而形成生活水与工业水的分质供水系统。

东京都于1964年向江东地区及1971年向城北地区专门供给水质相对较差的工业用水。江东地区由南千住净水厂及南砂町净水厂供给工业用的非饮用水，以三河岛污水处理厂二级处理水作为原水，总供水能力超过32万立方米/天，工业用水管道总长度达150千米以上。城北地区由三园净水厂和玉川净水厂供水，以河水为原水，供水能力约35万立方米/天，工业用水管道总长度约200千米。此外，东京的大久保净水厂为一个大型分质供水水厂，约生产25万立方米/天的工业用水和13万立方米/天的生活用水，用两套管网进行分质供水。

东京的杂用水利用较早，用途较广。1951年以来，日本就将三河岛、芝浦等污水处理厂生产的再生水用于一些工场的杂用及工业用的洗车等方面。建筑物内的中水道主要是1970年以后建立起来的，但发展较快，已建和计划建造的中水道系统已有60余处。非饮用水供水量约10万立方米/天，多为建筑楼群或单幢高层建筑物的中水道系统，也有少数为地区性中水道系统。

（三）美国城市分质供水的概况

美国至少在10余个城市中已建成分质供水系统，主要是建立饮用与非饮用水的双管道二元供水系统。非饮用水系统的水源主要有两类：一类是未

---

① 马丽贤：《天津市城市分质供水管理模式研究》，天津大学管理学院硕士学位论文，2005年。

经处理或稍加处理的地面水及水质较差的地下水，另一类是废水经过处理后达到一定标准的回用水。已建成的非饮用水系统以第二类为多，特别是在美国西南部干旱地区的一些城市中，以处理后的废水作为非饮用水，主要用于浇灌绿化带、工业冷却及洗车等。

据1983年资料，美国东南部的10个州中，人口在1万人以上的300多个城市中，有10个城市已经建立了分质供水系统，有7个城市当时正在规划建立分质供水系统。如亚拉巴马州的塔斯卡卢城，有一条输送未经处理的原水管道，供位于沿管线两旁的工厂输送工业用水，饮用水用另一套管网。哥伦比亚城大约有1/3经生物处理的城市污水，再经过滤和消毒后，作为城市的非饮用水，供生活饮用以外使用。佛罗里达州的圣彼得斯堡市，拥有美国国内为数不多的大型分质供水系统。该市因供水不足，而将城市废水处理后的再生水用单独的管道供喷洒草坪等杂用，这样可节省约40%的优质地下水资源。

佛罗里达州的佩利坎（Pelican）海湾发展区，在1979年开始建设分质供水系统。该区规划为豪华住宅区，面积约2100英亩（850公顷），建成后包括9600套住宅及商业区、居住区、自然保护区，当时预计约2万多人在此定居。该区的水源地是位于东北7英里（11.2千米）处的地下水源PBID井区，该水源的水量能满足区内饮用及非饮用需要，但水质较差，微带咸味，因而必须用反渗透法处理才能达到饮用水标准。该区新辟草地很多，保养需大量的非饮用水，约占总用水量的50%或更多些。该水源的地下水不做处理或稍加处理（经一小曝气装置），便可满足浇灌、消防等要求。该区非饮用水管线用蓝色塑料带做标记，顶部标明“非饮用水”字样。分质供水后，饮用水处理厂处理量从1700万立方米/天减少到946万立方米/天，规模缩小后其节能效益可观。

美国西南部干旱地区（如科罗拉多、亚利桑那、加利福尼亚等州）对二元分质供水方式比较感兴趣，其中数个城市或地区已建立了一些分质供水系统，且较多的是将城市污水处理厂的出水作为杂用水，供非饮用的方面，由自来水公司供给生活饮用水。最初这种供水体制变革只是在美国一些干旱地区进行尝试，但后来在水量最为充足的俄勒冈州和华盛顿州也开始推广。40年前在美国倡导的分质供水系统，为今天开展这种分用途供水管道系统体制变革奠定了基础。

二、国内城市分质供水概况

目前国内的分质供水与国外有所不同。我国的所谓分质供水，是指把自来水中的生活用水和直接饮用水分开，将自来水或其他原水经深度净化处理，使水质达到洁净、健康的标准，实现可直接饮用的目的。上海市、宁波市、包头市和深圳市等地区的分质供水在国内都具有典型意义。

（一）上海市分质供水概况

1996年，上海市率先在锦华小区试验建设全国第一个管道分质供水系统，系统采用集中处理，环状管网输送、管网循环的供水方式。[①] 目前，上海市管道纯净水公司采取和房地产商合作开发的形式，在新建的住宅小区共同建设管道分质供水系统。由房地产商负责管道部分的投资，纯净水公司负责水处理站的投资，并向用户收取约2000元/户的初装费，水费为0.3元/升。具体做法是，在一栋高层的楼顶建一小型水处理站，每日定时向用户供水。上海市所建的这些管道分质供水系统规模都比较小，这样可以降低工程技术上的难度，缩短供水管网的长度，不易造成二次污染。同时，由于水处理站建在屋顶，也降低了运行成本。但是也应该看到，由于供水规模小，造成单位成本增高，而且在一些商品房的入住率不高的情况下，不仅各方经济上所承担的压力较大，而且水的回流循环等问题也有待进一步解决。此外，2010年上海世博园区直饮水系统也是此类直饮水系统运用的典型例子。

---

① 金伟，等:《上海锦华苑分质供水工程的设计总结》,《中国给水排水》2002年第18卷第10期，第52—54页。

(二)宁波市分质供水概况

宁波市的管道分质供水项目是由宁波市自来水公司负责开发建设的，它所采取的做法与上海市相比有较大的差别。首先是水处理工艺上的差别。其次，在管道设计中，他们采用集中供水方式，统一建立大型水处理站(其供水能力为1500立方米/天)，处理后的水通过管网分别送至市内各个住宅小区(管网未设循环管)，即以优质水库水作为居民饮用水的原水，通过城市公共水厂加工后供应给广大居民使用，同时将水质稍差的河网水作为工业用水的原水，加工后供给工业企业用户使用。[①] 如姚江工业水厂于"十一五"期间开工建设，已经在2008年底建成并投入使用，总规模有50万立方米/天，当前供水规模已经达到了15万立方米/天。到目前为止，宁波市已经建了6座大型水库，24座中型水库，加上小型水库和河网供水，宁波市整个供水能力每年达到23.5亿立方米。

这种做法的优点是：水处理设施相对集中，有利于日常维护管理，处理水质相对稳定，运行成本较低。同时，工业用水和生活用水的分离，能降低企业用水成本。比如一个制造企业，以正常情况下每天5万立方米的工业用水量计算，每立方米工业用水比生活用水的价格要低0.3元，每天至少可节省1.5万元，同时每年还可为市民"让"出近2000万立方米的优质饮用水。但这种做法使得供水管网加大，增加了水被二次污染的可能性，同时也增大了对管网的投资(管道分质供水的总投资中，管网投资占70%以上)，进而增加了制水成本。

(三)深圳市分质供水实例

梅林一村住宅小区是深圳市住宅局开发建设的高档住宅小区，规划建设多层住宅65栋，中高层住宅31栋，占地约44万平方米，共计7000余套住宅，

---

① 张晴浩、任基成：《水资源可持续开发利用与宁波城市分质供水》，《治水排水杂志》2003年第10期，第34—37页。

服务人口约3万人。梅林一村管道直饮水项目(即管道分质供水项目),是深圳市自来水(集团)有限公司为进一步满足该小区居民对高品质饮用水的需求而投资建设的。该项目于1997年初开始进行调查论证,是国内当时规模最大的小区管道分质供水项目。

该工程主要有以下几个特点:①工艺先进,结合“臭氧+活性炭”与膜过滤技术;②自动化程度高;③管道材质质量好,不同于一般自来水管;④整个工程全部费用由供水企业自行承担。

梅林一村管道直饮水系统,以集中处理、分区供水、定期回流为原则进行设计。小区内采用统一净水站集中对水进行净化处理。为防止供水过程中的二次污染,整个管道系统采用变频供水方式,不设中间水箱。为增加供水安全可靠性,设立了独立的循环回水管道,即每栋楼和整个供水管网都可以进行循环,以避免管道中死水区的出现,保证供水质量。这也是区别于普通自来水管道设计的最突出的特点。小区内居民用水定额为 $q=5$ 升/人×日,并根据直饮水用水相对集中的特点,确定最高日变化系数为 $K_d=1.3$,日最高时变化系数为 $K_h=4.0$。[①]

(四)包头市分质供水实例

包头市分质供水工程又称包头市城市健康水工程,是包头城市总体供水工程的一部分。其是根据生活用水结构对水量水质的不同要求,将水质要求高的饮用水与一般生活用水分流,以实现喝干净的优质水,用符合标准的自来水的目标。

管道直饮水系统采用两路供水管线:一路供日常生活使用的自来水;一路专供直接饮用的纯净水。日常生活用水管网沿用现有的自来水管网,提供的水用于居民日常洗涤、冲厕等;另外新建一条直饮纯净水管线,引用深度膜处理系统,将地下水(自来水)进行净化处理,并采用闭路循环系统,将水经过变频加压后直接供应到居民用户家庭中,用于居民做饭及饮用。

---

① 马丽贤:《天津市城市分质供水管理模式研究》,天津大学硕士学位论文,2005年。

管道直饮水是包头市健康水工程的主要形式，其他形式还有自助式饮水屋、楼宇供水、校园健康水等。到2010年底，健康水工程累计投资4.7亿元，建成健康水站48个、自助式饮水屋84个，受益人口达113万人。

（五）国内城市分质供水模式总结

目前国内如上海、深圳、包头等城市正在试行的分质供水是两个管道系统，分别为直饮水与一般用水。但这只适用于新建小区，在其建设的过程中直接铺设两个输水管道：一个是普通用水管，流出的水用来清洁物品等；另一个是对普通水进行深加工处理的纯净水管道，主要用来饮用。

一些旧居民区改起来则相当困难。投资费用是一个方面，另外还要把新管道从各家各户的楼外穿到楼内，再穿透墙和地面，施工也相当困难，所以分质供水针对的是个别新建小区的特殊用户。较大范围的普及分质供水还需经历一个漫长的过程，我们应该遵照“统一规划、分期实施”的原则，做到近远期结合；分区域制定可行的管理模式，采用技术先进、经济合理的实施方案，使其符合我国的具体国情，并具有较强的可操作性。

在努力实现提高城市供水水质这一长期目标的过程中，试行各种局部分质供水，以缓解水源被污染的危害，不失为过渡时期的一种积极举措。在新建住宅小区，特别是有优质地下水资源可资利用时，试行分质供水，是多种可供选择的措施中较有吸引力的一种。在地下水开采受到限制的新建高档商品住宅小区，可用管道供应深度净化后的纯净水，作为满足较高消费层次人群饮水需求的临时措施。这种方式在积累经验、健全管理的基础上，也可以发挥积极作用。对管道系统封闭性好的居住小区，采用生物活性炭等经济、实用的工艺就地深度净化全部生活用水，消毒后仍通过原有管道系统供应，是一种注重实效的局部分质供水方式。这种方式的优点之一是，对今后各种供水系统并轨所造成的不良影响最小。

在水资源严重紧缺，不得不利用受严重污染的原水或进行远距离配水的场合，城市整体分质供水仍有可能是经济合理的，特别是对于新开发城区。但实施这种工程时应充分考虑规划年限内经济和社会发展对水质的要求，避免暂且凑合的做法。对于水资源供应量不足，需要利用低品质水和回用水的城市，还是采用非饮用水集中供应工业区与市政用水的区域性分质供水方法，更为安全与便于操作。

但仅考虑满足饮水水量需求的管道分质供水，在发达国家是不可接受的做法。这种分质供水，是受目前经济实力限制而采取的一种过渡性方法，有明显的局限。在一些生活小区试行这种分质供水，在现阶段有一定的实用意义，但在整个城市实行是不合理的，不利于未来城市的可持续发展。目前这种做法备受关注，与商业利益不无关系。满足可持续发展要求的做法是，提高整个城市主体供水系统的水质，即将实施的《生活饮用水卫生规范》已对此做出了明确的表述。同时，实现改善整个城市供水水质的目标，不仅需要加强水源保护、改进水厂处理工艺、提高输配水系统的技术状态，还需要改革城市供水行业的运行机制，逐步实现水价的市场化。

我国的分质供水，应该以对城市水资源的优化配置、合理利用为目标，实现“优质优用”“低质低用”及“合理用水”的目的。因此，我国的分质供水模式是以城市供水管网为主体，按城市分区集中分质供水，结合中水回用、再生水利用、工业水循环利用和厂际水串联回用的综合利用模式。城市分区即将城市供水区域，分成居民生活区、工业供水区、公共建筑用水区及市政、环境、景观、娱乐用水区等分别实施不同供水模式的区域。

三、分质供水的优点与必要性

水源污染使我国大多数城市的供水水质受到不同程度的影响，而随着生活水平的提高，居民对饮用水水质的关注度也逐步提高。1995 年起，桶装饮水在上海市蓬勃兴起，并迅速扩展到其他大中城市，随之，管道纯净水应运而生。目前，上海市、深圳市、宁波市、福州市等地都有针对居民区实行分质供水的实际工程。

（一）实施分质供水的优点

分质供水之所以让人们如此关注，缘于其三大优点。

1. 分质供水是新的饮水文明

在我国，从古代到近代人们对水的需求，从来没有区分过哪些是专门用的水（如洗澡、洗衣服、做卫生等），哪些是专门饮用的水。此前，我国的饮水文明大致分两个阶段：第一阶段是中华人民共和国成立前。在此阶段，人们大多取江、河、湖、井水而饮，饮水卫生和安全难以保障；第二阶段是中华人民共和国成立后。在此阶段，人们开始用上自来水，饮水卫生和安全基本能够得到保证。如今的分质供水，应该说是饮水文明的又一个新的发展。尽管世界大多数国家还没有实现分质供水，但在西方的一些发达国家，水是分3个等级来供应的：一是工业用水，标准较低；二是生活用水，标准较高；三是饮用水，各种卫生指标严格控制。因此，我国现在开始实施分质供水并非一时之时尚，而是符合国际趋势的。

2. 分质供水实现健康方便饮水

作为长期使用的自来水，它给市民饮水提供的是卫生、安全的保障，但要说有利于人体健康却谈不上。分质供水给市民的生活带来诸多实质性的好处：无二次污染，天然环保，健康安全；使生活更方便（部分分质供水专门提供的饮用水可以直接饮用，可以大大简便喝水的程序，使生活更为方便）。

3. 分质供水有利于水资源保护

在水资源日益珍贵的情况下，分质供水将有利于水资源的保护。如果人们的生活用水和饮用水能分开的话，那么一个城市的供水压力会降低30%左右。水质标准不是很高的工业、生活用水，可适当循环再利用，同时由于处理工艺不复杂，能有效地降低污水处理费用。

(二)实施分质供水的必要性

1. 分质供水是为了满足城市水用途与水质需求多样化的需要

现今,城市中水的用途较以往已经发生了很大的变化,其中很大一部分水是用在只需低质水就可满足的地方,如住宅、办公大楼、旅馆饭店等大量的冲厕用水、清洁卫生用水,城市公用事业中的道路洒水、绿化浇水、消防备用水,以及大量景观(喷泉、人工瀑布)用水和工业冷却用水等。

随着经济的发展,人们对低质水的需求还会更多,如私人洗车用水、盆景花卉用水、清洁卫生用水等。因此,大量清洁的自来水用于这些水质要求低的对象,其浪费是十分惊人的。

水的不同用途对水质的要求也存在很大的差别,如电子工业中的高纯水、可直接饮用的饮用水、冲洗厕所用水及绿化等使用的市政用水等。一些低品质用水完全可以通过对废水、污水和雨水等的处理回用来提供,这样不但可以节省城市紧张的水资源,而且还能降低城市水处理负荷。并且长期以来,我国城市供水系统都采用统一给水方式,即不管什么用途都按饮用水标准供给。在过去经济不发达时期,用途单一、用水量不大的情况下,这种供水方式比较简单省事;但是在如今城市优质水资源十分紧张、水用途也日趋多样化的情况下,仍然采用统一的供水方式,则是对水资源的极大浪费,也是对人力、物力和能源的浪费。所以,我们需要采用新的、多样化的供水方式来适应城市水用途与水质需求的多样化,而城市分质供水系统恰是这种供水方式,是供水系统发展的需要。

2. 分质供水是为了满足城市多途径节水客观背景的需要

随着城市水资源的日益短缺,各城市相继制定了相关的节水政策,其中工业用水是节水的重点。很多发达国家在努力保护水资源环境的基础上,加大了对污水处理的力度,实现了工业用水的重复利用,即一水多用。美国工业用水重复利用率已达到85%以上,日本为87%,日本工业用水量自1973年以后便开始下降。与此同时,发达国家工业取水量亦呈逐年递减之势,其中欧洲15国人均日工业取用水量年平均递减速率为1.12%。这一规律性趋势于1994年以后在中国也开始出现，其中除了与产业结构的调整、高新技术产业和高附加值产业的迅速发展有关外，还与对水资源的制约和强化用水管理的措施有关。[①] 尽管如此，我国工业用水的重复利用率仍然偏低，还需要更好地、充分地使用回用水。

此外，城市节约用水的重点还包括采用节水型家用设备；加强管道检漏工作，避免城市不必要的供水损失；采用经济措施实行计划用水管理，促进节约用水；革新和推广节水工艺、技术和设备，依靠科学进步促进城市节水工作。而城市分质供水恰是城市节水途径之一，是适应当前城市多途径节水的客观背景，是必要的。

3. 城市分质供水是为了满足水资源合理配置、符合城市用水的需要

合理配置是人们在对稀缺资源进行分配时的目标和愿望。随着社会的不断进步和经济的不断发展，城市水资源的不断紧缺，人类对水资源的开发利用程度和要求也越来越高，对水的质量和数量方面的要求更是越来越严格。对一个区域来说，由于水资源的时空分布特征和水资源量的有限性，城市水资源的供需矛盾不但会长期存在而且会日趋尖锐。

一般而言，水资源合理配置的结果对某一个体的效益或利益并不是最高最好的，但对整个资源分配体系来说，其总体效益或利益是最高最好的。实施水资源合理配置的主要原因是水资源的天然时空分布与生产力布局不适应；在地区间和各用水部门间存在很大的用水竞争性；近年来的水资源开发利用方式已经导致许多生态环境问题。因此，实施水资源的合理配置具有紧迫性。水资源的合理配置是解决区域水资源短缺的有效途径，能使区域或流域的经济、环境和社会协调地发展。

对于具体的城市而言，由于在目的上、时间上和地域上客观存在的用水竞争性，人们提出了各种各样的方案来解决用水竞争问题。而城市分质供水，正是用来解决城市用水竞争问题的方案之一。其是对城市有限的多水质水资源，通过工程和非工程措施，合理改变水资源的天然时空分布和水资源

---

① 金兆丰、徐竟成：《城市污水回用技术手册》，化学工业出版社2004版。

结构，兼顾当前利益和长远利益，在各用水部门之间进行科学分配，协调好各用水部门之间的利益矛盾，尽可能提高城市整体的用水效率，实现城市的社会、经济和生态环境的协调发展的方案。

随着城市化进程的加快，人们的物质生活水平有了迅速提高，这使得城市水资源矛盾日益尖锐。为支持我国城市的可持续发展，相关部门将“节流优先、治污为本、多渠道开源”作为城市水资源持续开发利用的新策略，并以此引导城市供水、用水、节水和污水处理的规划和相关技术、经济和投资政策的制定，促进城市系统从水源开发到供水、用水、排水和水源保护的良性循环。而城市分质供水正是遵循了新策略的原则，对城市水资源进行水量和水质的合理配置，故其存在是必要的。

4. 城市分质供水对城市可持续发展有着重要的意义

城市是区域经济发展和社会进步的重要空间载体。随着社会经济的发展，世界人口越来越向城市集中，城市规模会越来越大，城市化已成为当今世界各国经济社会发展的一个趋势。城市和城市化过程在实施可持续发展战略中具有特殊的地位，可持续发展的城市和可持续发展的城市化，是人类社会可持续发展的核心内容之一。

可持续发展理论，是科学的发展观。其主张发展“不仅要满足当代人需求，而又不对后代人发展的需求造成威胁”。它包含两个基本原则：一是必须满足当代人，特别是贫困人口发展的需要；二是今天的发展要有利于满足后代人的需求。可持续发展观已为世界各国接受并采用。

而城市水系统，是支撑城市存在和发展的重要基础设施。目前城市用水量占人类总用水量的比重越来越大，城市水系统对自然水生态系统的影响也越来越突出。水推动或制约着城市的健康发展，因此，正确处理好城市用水问题，对保证城市的健康、和谐发展有重要的意义。在当今城市水资源日益紧缺的情况下，分质供水恰是解决城市用水问题的有效措施之一，对城市的可持续发展有着重要的作用。

从水源保障的角度看，分质供水还可以有效避免单一供水存在的问题，使高质量水源在没有任何污染的条件下提供给用户。

综上所述，城市分质供水作为城市供水体系的新形式，其存在是必要的，是符合城市可持续发展需要的。

第二部分　杭州城市供水方式研究

当前城市供水方式主要有3种模式：一是统一供水方式，二是小分质供水方式，三是大分质供水方式。统一供水是当前我国城市供水的主要模式。小分质供水是当前国内比较流行的一种分质供水模式，尤其是小区终端式小分质供水模式，在国内大中城市备受关注。大分质供水模式在国外发达国家运用得比较成熟，国内城市较少尝试。以上3类分质供水模式均具有各自的优缺点，各城市需根据自身的特点及现有的供水体系状况，选择适合的模式。在实施千岛湖配水工程的背景下，本书结合杭州城市的实际情况，重点从配水的需水量、管网成本、影响程度等方面对上述3种供水模式进行分析，以选择适合杭州市未来发展的模式。

一、杭州城市供水基本情况

(一)城市供水水源情况

杭州市区水厂的供水主要取自钱塘江和苕溪，虽然水量能得到保证，但时常受到咸潮的侵袭和上游污染物的影响，水质得不到保障。杭州市区的供水范围，按现状供水系统可分为第一、第二和第三供水系统：第一供水系统为杭州江北主城区(包括上城区、下城区、江干区、拱墅区、西湖区)，现供水水源为钱塘江和东苕溪；第二供水系统为余杭区，由于东苕溪以西山丘区以水库为水源，水质较好，不纳入本工程供水范围，余杭区供水范围为东苕溪以东的平原区；第三供水系统为萧山区，现供水水源为钱塘江，目前已实现全区城乡供水一体化，因此供水范围为萧山区全区。

钱塘江和苕溪两个水源水质情况基本类似，近年主要超标项目为氨氮、耗氧量、锰等。两处水源均多次面临突发性的水源水质污染威胁，如2011年6月4日、5日，发生了钱塘江上游苯酚槽车泄漏事件、东苕溪上游化工废水偷排事件，对杭州城区的供水安全造成了严重影响。另外，威胁钱塘江取水安全的还有咸潮因素，历史上各水厂曾多次因钱塘江咸潮影响而停产或减产。

除了上述两个常规水源，杭州市还有珊瑚沙水库、贴沙河和闲林水库3个备用水源。珊瑚沙水库建于20世纪70年代，作为钱塘江发生咸潮时的备用水源，其储存淡水仍然来源于钱塘江，设计有效库容为190万立方米，目前实际有效库容为160万立方米，一定程度上可缓解咸潮侵袭。但现有抗咸系统的抗咸天数仅为1.3天，一旦遭遇大规模的咸潮，只能要求上游新安江水库放水冲潮解决。贴沙河是清泰水厂取水通道之一，其存水也来自钱塘江，贮水量约10万立方米。虽然贴沙河不是严格意义上的备用水源，但也参照备用水源进行管理。闲林水库工程于2010年8月开工建设，水库功能以杭州市应急备用水源及抗咸供水为主，一期总库容为997万立方米。

（二）城市供水水厂分布

钱塘江是杭州市清泰水厂、赤山埠水厂、南星水厂和九溪水厂的水源地，为杭州市主城区主要供水水源，其供水总量约占杭州主城区供水总量的85%，东苕溪供水总量约占15%。各水厂分布情况见表2-1。

表2-1　杭州市区各水厂基本情况

分区	分区名称	水厂名称	水源地	取水口	供水规模（万立方米/天）	
					现状	规划（2020年）
第一区	江北主城片	九溪水厂	钱塘江	珊瑚沙	60	120
		清泰水厂	钱塘江	南星桥	30	30
		南星水厂	钱塘江	南星桥	40	40
		赤山埠水厂	钱塘江	白塔岭	15	15
		祥符水厂	东苕溪	奉口	25	25
		小计			170	230

续　表

分区	分区名称	水厂名称	水源地	取水口	供水规模(万立方米/天)	
					现状	规划(2020年)
第二区	余杭片	运河水厂	东苕溪	獐山	9	9
		塘栖水厂	东苕溪	獐山	6	6
		宏畔水厂	东苕溪	獐山	13	13
		獐山水厂	东苕溪	獐山	2	2
		瓶窑水厂	东苕溪	瓶窑	5	5
		仁和水厂	东苕溪	吴根桥	—	60
		小计			35	95
第三区	江南片	滨江水厂	钱塘江	三江口	15	40
		萧山一水厂	钱塘江	三江口	10	10
		萧山二水厂	钱塘江	三江口	15	15
		萧山三水厂	钱塘江	三江口	60	60
		南片水厂	钱塘江	石门沙	10	30
		江东水厂	钱塘江	—	—	60
		小计			110	215
合计					315	540

杭州市江北主城区供水体系，由杭州市水业集团有限公司(以下简称“水业集团”)经营管理。水业集团于2005年由原杭州市自来水总公司改制而成，主要从事自来水制造、供应，供水设备、自来水设计、供水节水技术咨询等业务。集团下辖清泰水厂、祥符水厂、赤山埠水厂、南星水厂和九溪水厂等5家制水厂，6家营销分公司和泵站营运分公司，水质监测中心、水表计量检测中心及后勤服务中心等15个基础单位，共有在职员工1320人。水厂设计综合日供水能力为170万立方米，供水范围覆盖杭州市主城区、下沙副城、上泗区域及余杭闲林、勾庄、乔司监狱、海宁农发区等区域，服务面积660平方千米。

(三)城市供水管网概况

截至2010年底，杭州主城区供水管网总长度约3673千米。DN300(含)

以上管道约1500千米，大部分已采用延展性较好的球墨铸铁管，其中尚待改造的灰口铸铁管约122千米，钢筋混凝土管58千米。整个杭州市采用一套管网系统，供应城区全部生产生活用水。

供水管网共有加压泵站32座，其中大型区域性泵站7座，设计供水能力一般为5万立方米/天以上；中型加压泵站9座，设计能力一般为0.3万—5万立方米/天之间；小型加压泵站16座，设计供水能力一般在0.3万立方米/天以下。

（四）供水量及供水比例

杭州主城区人口集聚，旅游等服务业发展较快，产业结构调整和升级的步伐加快，着重发展服务、商贸、金融、信息、医药、电子、IT、文化等产业，大型工矿企业较少，因此，工业用水所占比重小。根据水业集团提供的资料表明，杭州主城区生活用水约占总用水的50%，服务业和商业约占22%，工业约占15%，建筑业约占5%，其他约占8%。其生活与工业用水比约为77∶23。

余杭和萧山区由于仍处于“二三一”的产业结构，工业用水占有较大比例。从2010年的资料来看，其居民生活用水在43%以上，工业用水约占40%，生活与工业用水比约为1∶1，具体见表2-2。

表2-2 2010年杭州市区基本供水情况

杭州市区（万人）	供水人口（万人）	居民生活		工业		公共		总供水量（万立方米）
		用水量（万立方米）	占总量比（%）	用水量（万立方米）	占总量比（%）	用水量（万立方米）	占总量比（%）	
江北主城片	324	22 200	50	6660	15	15540	35	44 399
余杭片	108	5574	43.3	5239	40.7	2060	16	12 872
江南片	183	13 606	45.4	11 915	39.7	4479	14.9	30 000
合计	615	41 380	138.7	23 814	95.4	22 079	65.9	87 271

注：数据来源于《杭州市千岛湖配水工程规模论证专题报告》。

二、杭州统一供水模式

统一供水模式就是杭州市当前的城市供水方式，不区分水的用途，均采用统一管网供水。假如从千岛湖配水之后，杭州仍采用统一供水模式，其最大优点就是无须改造现有的管网。从千岛湖配水到杭州市后，经过简单地处理由现有的管网输送到各用户，包括生活用水、工业用水、市政用水等等，满足城市各类用水需求，工程成本低，且不影响生产、生活，但需水量也相对较大。根据预测，如采用统一供水方式，杭州市供水区2020年和2030年需水规模分别为396.5万立方米/天和460.9万立方米/天，综合用水指标分别为2709升/人·天和2935升/人·天，预计年需水量分别为11.5558亿立方米和13.4503亿立方米，见表2-3。

表2-3　杭州市供水区统一供水需水量预测

水平年	分区	用水人口（万人）	综合用水指标（升/人·天）	需水规模（万立方米/天）	年需水量（万立方米）
2020	主城	369	478	176	53 635
	余杭	120	456	55	15 398
	江南	206	602	124	34 829
	富阳	59	430	26	7405
	桐庐	38	379	14	3904
	建德	4.1	364	1.5	387
	合计	796.1	2709	396.5	115 558
2030	主城	411	508	209	63 461
	余杭	131	489	64	18 058
	江南	228	620	141	39 642
	富阳	62	456	28	8182
	桐庐	39	440	17	4668
	建德	4.5	422	1.9	492
	合计	875.5	2935	460.9	134 503

注：本表引自2014年发布的《杭州市第二水源千岛湖配水工程项目建议书》。

然而，值得思考的是，杭州市若长期不改变统一供水方式，将难以构建真正长效的节水型社会。长期以来，包括杭州市在内的我国绝大多数城市，供水系统都采用统一供水方式。这种供水方式，在以前都是极为正常且符合经济生活发展状况的。但在如今城市优质水资源十分紧张、水用途日趋多样化的趋势下，统一供水方式逐步显露出弊端。特别在工业用水方面，余杭和萧山及钱塘江沿岸的县市，工业用水占有较大比例。随着杭州市工业化进程的加快，城市周边地带的工业用水量在很长一段时期内将持续提升，城市公共用水量也将不断增加。这些因素将会对千岛湖的配水量提出挑战。

此外，如上所述，随着经济社会的发展，人们对水的需求还会更多，如私人洗车、清洁卫生等。这种状况不仅在北京、天津、济南、青岛这样缺水型大城市，即使在中小城市亦十分突出。大量清洁的自来水用于城市绿化、冲厕，浪费量十分惊人。西安市曾因使用自来水冲洗商业区马路遭到全国媒体的谴责，北方城市用自来水灌溉绿化、种草坪亦受到批评和否定。倘若杭州市用千岛湖的优质水来清洗道路、冲洗车辆，那将是巨大的资源浪费。

千岛湖配水后如实施统一供水，则企业将被迫以千岛湖水作为企业生产用水，这必然会造成企业用水价格的上涨，进一步会大幅提升企业生产成本。尤其像萧山化纤、余杭家纺等劳动密集型产业集群地，产品生产制造与水资源密切相关，如果提高工业用水成本，必将极大弱化它们的产业竞争力。

三、杭州大分质供水模式

大分质供水模式，一般是以可饮用水系统为城市主体供水系统，供应城市居民日常生活用水和公共建筑用水，而另设管网将低品质水、回用水作为工业用水和浇洒道路、绿地等市政用水，又称为非饮用水。非饮用水系统通常是局部或区域性的，作为主体供水系统的补充。

杭州市采用的大分质供水模式，即将传统的综合生活用水与工业用水分开。本书所述配水工程水源为千岛湖水，水质较优，配水成本大，只供生活和部分工业用水，包括居民家庭、服务业、商业等用水和对水质要求较高的工业用水；其他一般工业用水可建工业水厂，就近水源地取水专供，或以工业园区为单元集中就近取水，以节省投资。杭州市 2010 年供水区生活和工业用水量如表 2-4 所示。

表 2-4　2010 年杭州市供水区生活和工业用水量

供水分区	综合生活用水量	工业用水量	综合生活与工业之比
	（万立方米）	（万立方米）	/
江北主城	33 210	5861	85：15
余杭片	6412	4401	59：41
江南片	15534	10206	60：40
富阳片	3179	2209	59：41
桐庐片	1538	1025	60：40
建德片	125	115	52：48
小计	59 998	23 817	71：29

注：本表引自 2014 年发布的《杭州市第二水源千岛湖配水工程项目建议书》。

通过调查分析，杭州市的余杭、萧山、富阳等地区实施大分质供水的可能性较大。如萧山江东工业园区的江东水厂取水工程，可以实现对江东工业园的工业供水。余杭临平工业区、萧山南阳工业区、杭州下沙工业区、富阳和桐庐的沿江工业园区或开发区等，可建立专门的工业水厂，就近从河网或钱塘江取水。根据预测，如采用大分质供水方式，杭州市供水区 2020 年和 2030 年需水规模分别为 306 万立方米/天和 334.2 万立方米/天，综合用水指标分别为 1095 升/人・天和 1165 升/人・天，预计年需水量分别为 8.9389 亿立方米和 9.7511 亿立方米，见表 2-5。

表 2-5　杭州市供水区大分质供水需水量预测

水平年	分区	用水人口	综合用水指标	需水规模	年需水量
		（万人）	（升/人・天）	（万立方米/天）	（万立方米）
2020	主城	369	280	155	47059
	余杭	120	180	39	10926
	江南	206	235	85	23919
	富阳	59	160	17	4863
	桐庐	38	120	9	2365
	建德	4.1	120	1	257
	合计	796.1	1095	306	89 389

续　表

水平年	分区	用水人口（万人）	综合用水指标（升/人·天）	需水规模（万立方米/天）	年需水量（万立方米）
2030	主城	411	285	174	52 791
	余杭	131	190	41	11 640
	江南	228	240	90	25 195
	富阳	62	170	18	4961
	桐庐	39	140	10	2622
	建德	4.5	140	1.2	302
	合计	875.5	1165	334.2	97 511

注：本表引自2014年发布的《杭州市第二水源千岛湖配水工程项目建议书》。

首先，在管网改造方面。管网改造是城市实施分质供水的最大障碍。考虑到杭州市企业分布较为集中，地理位置上多处于城区的交界地带，以及下沙、滨江等经济开发区和余杭、萧山、富阳等地区，因此，在分质供水管网设计方面，可以现有的城市供水管道供应高质量的千岛湖水作为一般生活用水，在工业园区另铺设管网供应钱塘江水或其他就近地表水源作为工业用水使用。这样一方面能较大程度避免因铺设管网对杭州市城市交通带来的不利影响，另一方面可充分利用开发区及城乡交汇处充裕的地下空间，方便管网局部改造。

其次，在供水分类方面。千岛湖配水工程实施后，规划期部分对水质要求不高的工业企业，考虑到价格上涨因素，会主动转向企业自备取水，部分地区政府应加快专门的工业区供水厂建设，取用本地丰富的地表水，以降低用水成本。宁波市为了节约优质淡水资源，采用的便是大工业集中供水的方式，这就是典型的大分质供水方式。

最后，在投融资及管理方面。供水设施的改造和新建，需要巨大的资金投入，传统的依靠政府一家单一的投入模式，显然是难以为继。因此，需要借助股票融资、发行市政债券或者合资等投融资手段。但水具有自然属性和商品属性，供水运营管理应当从地区整体利益出发，以服务和保障水平作为主要的考核标准，同时兼顾运营管理单位和国有资产的财务效益。因此，供水事业的经营管理主导权应属于政府。

当今欧美作为市场经济高度完善、私营经济极度发达的区域，其中绝大多数国家对水务行业并没有全面私有化、企业化,水工程仍然基本上由政府负责建设与管理。从全球范围来看,水务行业企业大多数是国有或国营的。英国虽然在水务工程建设、管理缓解方面全面推行了私有化运作,这与它具有健全的法制、良好的企业信用、严密的制约与监督制度是分不开的,但也带来了水价上涨等一系列的问题。

我国部分地区在推进市场建设的过程中,对源水、蓄水、供水设施都采取了出售资产、实行私有化和企业化等较为简单的做法。实际上,对供水体系的企业化应分别对待。对调水工程、蓄水工程等涉及大量社会和环境问题且具有较大社会效益的工程,就不应企业化、私有化,应牢牢控制在政府手中;对能形成适度竞争局面,便于监督,适合企业经营的自来水厂、污水处理厂,则可以适度推向市场。

四、杭州小分质供水模式

小分质供水方式也是一个城市分两套给水系统,是对大分质供水方式中家庭生活用水的细化。一般有两种形式:一是"直饮"小分质供水,二是"饮用+洗浴"小分质供水。

(一)"直饮"小分质供水

假如杭州市采用"直饮"小分质供水,那么应该由城市统一集中,另设管网供应少量专供饮用的直饮水,即由专门的城市饮用水处理厂起,到居民饮用水龙头止,设立与其他用途的供水管网相独立的管网来提供饮用水,而将原有的城市供水作为一般用水。如果采用直饮水管道仅提供生活饮用水,按照直饮水占生活用水 5%的比例计算,则 2020 年和 2030 年从千岛湖年配水量仅分别约为 0.44 亿立方米和 0.48 亿立方米。当然,杭州市采用"直饮"小分质供水,也存在大规模管网铺设、城市交通压力增大、工程成本提高等问题。此外,"直饮"小分质供水还存在"合理需水量"问题。

主张实行"直饮"小分质供水的主要依据是城市供水中仅有不到 5%的水

供于饮用，将全部生活用水都按饮用水标准处理既无必要，也不经济。但这一看法值得商榷。全部城市用水都处理到饮水标准确无必要，但按饮用水标准考虑的用水量远不止总用水量的5%。仅就生活用水而言，不但饮用烹调，食物餐具的洗涤及沐浴用水也有必要按饮用水标准考虑。Martin Fox 研究显示：水中的有害物质特别是其中的挥发性有机物，被人体各部分吸收的比例大致是1/3由口腔摄入（饮用和进食），1/3在洗漱和洗浴时由皮肤吸收，1/3在洗浴时随水汽或气溶胶经呼吸道吸收。[①]

Brown 等研究了皮肤对水中挥发性有机物的吸收情况，结论如下：按成人饮水量2升/天，婴儿饮水1升/天，二者洗澡时间均为15分钟/天计算，饮用水中常见挥发性有机物的皮肤吸收与口腔摄入的比例，成人与婴儿分别为63/37及40/60。Andelaman 报道了饮用水中三氯乙烯造成的户内呼吸摄入情况，具体为以饮水量2升/人·天，淋浴耗水量40—95升/人·天计算，淋浴时三氯乙烯的呼吸摄入量是饮水口腔摄入量的数倍。[②] 世界卫生组织的《饮用水水质指南》明确指出，确定水中的化学物质含量的指导值时，既要考虑饮用时的摄入，也要考虑沐浴时皮肤吸入和呼吸摄入。据国内外经验，生活用水中可饮用部分所占比例应不小于50%。按照目前我国一般家庭生活水平，这部分水大约占生活用水的20%—40%；如果实行分质供水，则20%—40%的家庭生活用水水质须满足生活饮用水的水质标准，[③]而不是2%或者5%。日本早稻田大学尾岛研究室在对东京市的生活用水调查中得知：在居民平均每日用水中，以饮用为主的厨房炊事用水约占20%，盥洗、洗澡、洗衣约占54%，洗车、洒水、冲厕等杂用约占26%。[④] 因此，仅考虑供饮用部分的水质，

---

① Martin Fox：《健康的水》，周蓉译，上海同济大学出版社1996版，第11—18页。

② 李田、刘遂庆：《分质供水解决城市饮用水水质问题的局限与作用探讨》，《给水排水》1999年第25卷第2期。

③ 袁志彬、王占生：《于我国城市实施分质供水的讨论》，《城市问题》2001年第6期，第25—28页。

④ 尾岛研究室的结论：日本的人均每日用水量约为255升，其中以饮用为主的厨房炊事用水是51.7升；盥洗等18.7升、洗衣等为67.7升、洗澡为51.4升；洗车和洒水等为14.1升、厕所用水约为51.3升。（引自王紫雯：《分质供水与再生水系统》，《世界建筑》1998年第1期，第28—31页。）

不是一种安全、完善的供水方式。

(二)“饮用＋洗浴”小分质供水

一个城市分两套给水系统，一个系统提供高品质可以直接饮用的优质水，通过独立封闭的循环管网系统供给用户饮用和洗浴；另设非饮用管网系统（一般利用原有市政给水系统），将原管网取用的现状水源水或回用水经过处理达到一定水质标准后，作为园林绿化、清洗车辆、冲洗厕所、喷洒道路及工业冷却用水使用。

如杭州市实施“饮用＋洗浴”小分质供水，需在城区重新独立铺设一套约3600千米的饮用水管网，即将千岛湖水引到杭州市后，经处理由直饮水管网送往各用户处，供居民饮用和洗浴。居民的其他用水，则由现有的城市自来水管网提供。如杭州市采用小分质供水方式（饮用＋洗浴），则对千岛湖的配水需求量较小。根据预测，如采用“饮用＋洗浴”小分质供水方式，杭州市供水区2020年和2030年需水规模分别为189.8万立方米/天和221万立方米/天，综合用水指标分别为940升/人·天和990升/人·天，年需水量分别为5.5550亿立方米和6.4426亿立方米，见表2-6。但是，杭州市采用小分质供水存在以下几个问题。

表2-6　杭州市供水区“小分质供水”需水量预测

水平年	分区	用水人口（万人）	综合用水指标（升/人·天）	需水规模（万立方米/天）	年需水量（万立方米）
2020	主城	369	170	88	26 767
	余杭	120	160	28	7913
	江南	206	180	54	15 198
	富阳	59	150	12	3452
	桐庐	38	140	7	2002
	建德	4.1	140	0.8	218
	合计	796.1	940	189.8	55 550

续　表

水平年	分区	用水人口（万人）	综合用水指标（升/人·天）	需水规模（万立方米/天）	年需水量（万立方米）
2030	主城	411	180	111	33 873
	余杭	131	170	31	8616
	江南	228	180	57	15 902
	富阳	62	160	13	3623
	桐庐	39	150	8	2163
	建德	4.5	150	1	249
	合计	875.5	990	221	64 426

注：本表引自2014年发布的《杭州市第二水源千岛湖配水工程项目建议书》。

第一，管网铺设问题。杭州市地下空间非常紧张，实施独立式分质供水的主要难度在于城区3600千米的管道系统铺设。一方面，城区道路两侧管道密布，各种管道埋深大多在1—2米的范围内，进院、过路造成新老管线交叉混乱，都得采取措施避让，使得难度较大，工期较长。另一方面，增铺管线将影响城市正常交通。交通拥堵是杭州市发展面临的一个重要问题，如果在城区另设一套直饮水管网，将极有可能使杭州城区交通状况雪上加霜，势必会给生产、生活带来严重影响。另外，地下双管网会给日后水管的抢修、维护带来一定的麻烦。

第二，管道进户问题。假如分质供水仅供应直饮水，则管网在进社区之后，可借鉴管道燃气安装经验，工程难度不大；但如果包含生活洗刷、淋浴等用水，则需要对居民原有的自来水管道进行大规模的整改，管网进户设计改装难度较大。

第三，工程成本问题。根据国内外配水工程的经验，城市自来水管网系统成本占工程总成本的一半左右，甚至更多。例如，上海市分质供水中，其管网及其附属设施的造价占整个供水系统的60%以上；宁波市的管道分质供水总投资中，管网投资占70%以上。因此，杭州市实施小分质供水将需要大量的工程投资，并相应会提高供水水价。

(三)杭州市的实践尝试

实际上,杭州市在2002年就开始探索"直饮水"模式。2002年12月8日,杭州市首个直饮水工程——投资8900万元的南星水厂一期10万立方米/天改扩建工程开工,采用独特先进的臭氧生物活性炭净水工艺,在传统制水工艺上增设预臭氧氧化、后臭氧氧化、活性炭吸附等深度水处理工艺,进而使自来水达到直接饮用标准,这标志着杭州市的供水方式已迈入全国先进行列。首批直饮水供应的具体范围为杭海路—秋涛路—望江路至滨江大道之间的区域,涉及近江、南星、紫阳、闸口、望江、采荷等街道近60个小区和钱江新城。

2004年12月18日,南星水厂一期改扩建工程竣工,顺利完成了日供直饮水10万立方米的目标。复兴地区和钱江新城一带10万居民家中通上了直饮水。

2006年6月28日,投资3.16亿元的南星水厂直饮水二期工程也正式启动,其将在一期10万立方米/天的基础上,扩建至30万立方米/天规模,建成后率先向复兴地区、钱江新城及下沙地区供水。

根据最初的规划,到2010年,杭州市区的居民基本都能在家里喝上干净清冽的直饮水。然而,实际情况并不乐观。直饮水工程虽然让杭州市的自来水水质有了显著提升,但距离真正的"直饮"时代似乎还很遥远。虽然从南星水厂出来的水已经达到了直接饮用的标准,但受到地下水管和户内水管的二次污染,水质早已大打折扣。因此,若实施小分质供水(直饮水)工程,杭州市必定要重新铺设或更换管网。

五、杭州市供水方式的比较选择

从上述分析可知,统一供水模式,首先其最大优点就是无须改造现有的管网,工程成本低,且不影响生产、生活,能全面提升城市各类用水的水质。然而,这种供水方式对千岛湖的配水量要求最大。其次,城市统一供水模式对优质水资源浪费较为严重，不符合构建节水型社会的精神。最后，以千岛湖水作为企业生产用水，必然会大幅提升企业生产成本，进而弱化杭州市产业竞争力。

大分质供水模式，是符合当前城市可持续发展理念的一种供水模式，是未来城市供水发展的方向之一。该方案对千岛湖的配水量要求居中，同时，将城市现有管网作为普通生活用水管网，能较大限度地避免因铺设管网对杭州城市交通带来的严峻压力。此外，大分质供水的部分管网改造成本较高，要求有一定量的资本投入，需要扩大投融资体系。

小分质供水模式（饮用 + 洗浴），也是符合城市可持续发展理念的一种供水模式，在发达国家有诸多成功经验。该方案最大的优点是对千岛湖的配水量要求最小。但是，该方案需要在城区另外铺设一套独立管网，对杭州市的交通及居民生活影响较大。同样，居民户内管网整改也将是一个长期而艰巨的工程。此外，工程成本也比较大，需要扩大和创新投融资体系。

上述 3 种模式对杭州市的具体影响见表 2-7。

表 2-7　实施不同供水方式对杭州市经济社会的影响情况

模式	统一供水	大分质供水	小分质供水
饮用水质量	提高	提高	提高
其他生活用水质量	提高	提高	不变
工业、市政用水质量	提高	不变	不变
供水工程成本	低	中	高
管网铺设难度	小	中	大
交通影响程度	低	中	高
千岛湖配水量	大	中	小

综合比较各类供水方式，从长远来看，实施“饮用 + 洗浴”小分质供水最符合杭州城市可持续发展理念，但是小分质供水内容丰富，系统构建繁杂，难以一蹴而就，需要一个较长的实践探索过程。因此，在水质性缺水的环境下，我们建议杭州市抓紧策划城市分质供水系统。尤其是在千岛湖第二水源开辟之后，杭州市更加具备了分质供水的优质原水条件和实现“优水优用”的强大动力。

六、统筹城乡分质供水的战略思路

分质供水是解决城市供水紧张的重要手段，符合全面节约用水、可持续发展的战略理念，是未来城市供水模式发展的必由方向。经过综合比较分析，小分质供水是比较符合杭州未来城市供水的一种选择模式。然而，分质供水是一个庞大而复杂的工程，需因地制宜，不能一蹴而就。因此，要根据循序渐进、逐步推广的原则，最终实现城乡统筹的新型城市供水模式。

（一）实施分质供水的基本原则

应统筹考虑，全面规划，分期实施，制定技术先进、经济合理的规划方案，使分质供水既符合水资源优化配置的原则，又符合杭州市的实际情况，并具有较强的可操作性。

一是坚持民生优先原则。着力解决人民最关心最直接最现实的饮水问题，提高水质，改善民生。从杭州市的实际情况看，经过近10年的努力，水质已大大提高，已经达到国家要求的水平。但是人民群众尚不完全满意，这主要与现有水源水质的不稳定、净水工艺水平的局限性及配水管网的质量有关。因此，政府应以保障"安全水、放心水、健康水"为杭州市发展的重点任务。

二是坚持统筹兼顾原则。一方面，统筹安排水资源，合理开发，优化配置，全面节约，有效保护，科学管理。牢固树立节约用水的战略意识，高效利用水资源，合理安排城市生活、生产、生态用水。另一方面，解决行业发展中暴露出的各种问题。在日益市场化的过程中，只有在规范、有序的市场条件下，由政府主管部门统一规划，制定行业准则，实行统一管理，利用经济手段、法律手段和必要的行政手段，才能解决、协调好相关的经济利益冲突和各种问题。

三是坚持循序渐进原则。首先，完成千岛湖长距离配水工程，让千岛湖的优质水源顺利到达杭州市。考虑到杭州市当前实际情况，可暂不实施分质供水。其次，做好分质供水的近、中、远期规划，着手对城市分质供水的政策法规及相关内容的研究，为实施分质供水打好基础。最后，待时机成熟，着手实施分质供水工程，努力形成经济、社会和环境综合效益最大化的局面。

四是坚持逐步推广原则。大分质供水模式难以在杭州市生产、生活的各个领域同时推广，需要有步骤、有计划地逐步开展。首先，可以在新开发的工业集聚区尝试进行大分质供水，将工业用水从普通生活用水管网中剥离出来。其次，积累经验后将大分质供水向一般工业园区推广。最后，待条件成熟，对城市消防、园林、绿化、道路清扫等市政用水实施分质供水。有条件的情况下，对居民的洗车、厕所冲洗等用水管网进行分质改造，实现真正意义上的城市分质供水模式。

五是坚持因地制宜原则。每个城市、每个地区分质供水的发展状况都不一样，遇到的问题也不尽相同，包括水处理工艺、供水方式及行政管理体制等方面，都可能存在着较大的差异。因此，相关政府部门在制定城市分质供水规划、确立分质供水领域的法律法规时，不可以盲目照搬，更不可以一刀切；在选择具体的管理体制和管理方法时，也要因地制宜，突出自己的地方特色。

（二）大分质供水的管理思路

分质供水在我国的发展还很短暂，行业管理体制也不完善。现在国际通行的管理体系是，将分质供水管理融入城市整体的水资源管理中，从而使水资源的配置更加合理。

大分质供水系统中城市自来水厂、污水处理厂及与之配套的泵站和管网系统等，是城市基础设施的组成部分，与城市规划、道路建设、建筑工程和住宅建设关系密切。城市建设和城市供水管理是一个有机整体，其中必须协调各类资源要素，按规划合理配置，并统一实施。如过分强调水的统一，将其从建设管理部门脱离，会产生大量新的矛盾，可能导致城市建设和管理的混乱。

同时，在城乡统筹发展过程中，城市供水网络正向乡镇拓展。城市基础设施的辐射效应和技术管理的优势，为改善小城镇居民和广大农民的饮用水水质提供了可能。从保障人民群众利益的角度出发，农村的分质供水应当逐步纳入城市供水管理体系。

此外，相关部门要加紧推进城市公共供水事业的市场化改革。城市供水、污水处理和再生水利用，其实是一种以价格机制为基础，通过水商品经营、提供服务并获取合理利润的经营行为，因此，相关部门在加强水质监管和普遍服务监管的前提下，要适用市场经济的主要原则。改革的重点是建立特许经营制度，引入竞争机制，打破垄断，鼓励更多的市场主体参与建设和运营。各级建设行政管理部门正在加快实现职能转变，由行业的直接管理者转变为市场监管者，主要实施对建设运营的监督及水质和服务的监管，真正代表公众利益，履行公共服务和社会管理的职责。

为了规范杭州市的分质供水工作，使其健康发展，应明确分质供水政府主管部门、具体管理单位在实施分质供水工程时的具体职责，其中要体现出政府的宏观调控职能和在市场中的监督规范职能，建立起合理高效的分质供水行业管理模式。

第三部分　优化城市供水的体制机制

城市化程度的提高，带来了城乡人口结构的变化，产业结构的变化，以及生产方式、生活方式和行为方式的变化，也导致供水模式转型和某些管理失效。这自然会引起相应管理理念和管理方式的变化。在水资源管理领域，相关方必然会对体制提出高效、协调、责权明晰等要求，而传统的分部门、分城乡管理体制和模式已经无法满足当前的需要。因此，推进水务管理体制改革，提高管理效率，提高水资源配置与利用效率和效益，适应城市现代化管理的要求，成为城市管理者现实的选择。

一、建立供水市场，活跃投资融资体系

城市基础供水设施的改造和新建，无不需要巨大的资金投入。传统的依靠政府一家单一的投入模式，显然是难以为继。近年来，我国相关政府部门在水务投融资体制改革方面借鉴发达国家水务发展经验，做了多种尝试。一是股票融资模式。水务企业通过发行股票的方式，在资本市场上筹集水务建设资金，其中比较典型的有原水股份、凌桥股份、南海发展、创业环保、三峡水利和武汉控股等。二是合资模式。引进国内资本，尤其是浙江民营资本组建新公司，通过部分股权转让来引进和利用外资，对水厂进行改造和运营。三是发行市政债券。由地方政府或其授权代理机构发行有价证券，用于当地城市供水基础设施项目建设。

对公益性和准公益性的公共水事业部分，在加大公共财政主导投入的同时，通过建立投资公司、明确法人主体等方式，吸收社会资金投资，改进投资管理方式，逐步建立起政府主导、社会筹资、市场运作、法人负责的城市水务投融资机制。对经营性部分，则更多地引入市场机制，加大市场开放程度，在统一规划下，按照“谁投资、谁经营、谁受益”的原则，积极鼓励社会投资进入

城市水务领域，逐步走企业开发、产业发展的路子。

总的来说，应由政府建设部门抓紧制定加快城市供水行业市场化的意见，从而吸引社会资金，开放城市供水行业市场，招商引资，实现产权主体由单一化向多元化转变，尤其鼓励浙江民营经济积极参与，相互融合，促进混合所有制经济的发展，实现多渠道筹措资金。也就是，一手抓增量资金的扩大，一手抓存量资本的盘活，提高政府部门在资本市场的融资能力，多渠道解决落实规划的建设投资问题。以自来水企业资本进行融资的资金收益，必须定向使用，专项管理，用于城市水厂建设及供水管网工程规划实施项目。

二、建立特许制度，健全水业管理体制

城市水务产业的市场开发与特许经营，主要涉及两个层面：一是由水务企业垄断的水务设施工程及部分专用产品的生产供应，通过招标竞争选择承包商和供应商，以降低成本、提高效率；二是城市水务设施产权、开发建设和运营服务经营权的出让，应面向国内投资领域，按市场原则通过竞争选择投资者和运营商。这两个层面的市场开发，都应该有一定的市场准入限制，这也是由产业特殊性所决定的。

从现阶段来看，可由政府授予企业在一定时间和范围内对城市供水进行经营的权力，即特许经营权。实施特许经营，政府要按规定的程序公开向社会招标，向国内企业招标，选择投资者和经营者。政府通过合同协议或其他方式，明确政府与获得许可证企业之间的权利和责任。同时，深化国有城市供水企业资产管理改革，积极推行规范的公司制改革和股份制改造，完善法人治理结构；学习和引进国际供水行业先进的科技成果和管理方法，实现高效能管理。政府负责本行政区域内的许可证授予工作，城市供水主管部门负责特许经营的具体管理工作。城市供水主管部门要进一步转变管理方式，从直接管理转变为宏观管理，从管行业转变为管市场，从统管转变为监管，从对企业负责转变为对公众负责，对社会负责。

三、注重民生意愿，完善水价形成机制

由市计划、建设、财政、水利等部门共同研究，建立与供水行业市场化同步的、合理的水价形成机制。要建立水价形成机制：一是筹集城市水厂供水管网工程建设资本金。二是重点理顺水资源费与自来水价格的比价关系，在确认自来水生产经营和开发建设合理成本的前提下，确定企业必要的资本利润率，保证企业资金成本和扩大再生产的资金投入能够得到合理补偿和回报，从而使供水企业能够维持生存，进而实现自我发展、良性运行。

此外，相关政府部门要尽快开展阶梯水价方案的研究制定工作。尽管从供水和节水两方面来看，水价改革刻不容缓，但自来水毕竟是一种关系国计民生的商品，其价格调整牵系千家万户和各行各业。实行阶梯形计费，符合“补偿成本，合理收益”的原则；既能满足城市供水企业发展需要，又按照“节约用水，公平负担”的理念，照顾到社会消费的承受力。其不仅发挥市场机制和价格杠杆在水资源配置中的作用，提高用水效率，而且体现多用水多付钱的社会公正性，培养市民的节水意识，有利于节水型城市的创建。目前，北京、深圳等地已经实行了阶梯形水价，效果十分明显，百姓比较满意，而且还比往常节约6%—7%的用水量。

从社会经济和市民心理承受能力来看，发展中国家的国际通常标准是，水费支出占可支配收入的比重不超过4%。根据城市调查数据看，杭州市居民用水的销售价格仅为1.85元/立方米，在全国36个大中城市中居第35位，在省内11个地市中居第10位。因此，杭州市水价有一定的调整空间和经济基础，居民对水价调整在经济上能够承受。水价调整后，杭州市还要加大对供水设施的投入，进一步开发供水资源，提高供水质量，优化供水服务，让杭州市民受益。

四、打破行政限制，优化城乡供水系统

杭州市应扩大城市供水范围，打破行政区划限制，实现城区与萧山、余杭及周边县市供水管网的相互联通互补，使供水方式多元化，建立与现代都市供水体系相适应的全市供水调度系统。城市供水调度系统应设在城市供水主管部门，该部门主要负责掌握全市范围内城市供水情况，协调解决各供水企业在水量、水质、水压等方面的问题，在特殊情况下采取应急调度措施，确保供水安全。

五、紧抓配水机遇，开启分质供水蓝图

城市供水作为城市基础设施，是加快城市经济发展、全面建设小康社会的重要物质基础。钱塘江沿岸各区、县(市)要抓住千岛湖配水工程这一历史机遇，结合本地实际情况，成立规划编制工作领导小组，抓紧组织开展区域供水规划编制工作，分别制定出本地区城市分质供水工程的近、中、远期规划，提出水厂、输配水管网工程建设的进度要求。

随着地块的开发，输配水管网必须予以配套。但是，若按近期规划铺设输配水管线，则会使输配水管的管径过小，远期无法满足远景地块输配水需要。若按远景规划用地铺设管线，又会由于近期建设密度过低造成浪费。如何保证近期开发用地的供水，又不使投资过大，同时保证城市远期及远景的输配水系统布置合理，是在输配水规划中需着重研究的问题。

第四部分　提升城乡水质的主要措施

城市自来水系统作为城市最主要的基础设施之一，能否提供充足优质的自来水，是一个城市是否达到现代化的重要标志。我国卫生部于2001年新颁布的《生活饮用水卫生规范》特别明确指出，生活饮用水是指由集中式供水单位直接供给居民的饮水和生活用水，该水的水质必须确保居民终生饮用安全。因此从理论上讲，达到国家的生活饮用水标准的自来水是安全的，可以直接饮用，这是针对自来水的最低标准。

从杭州市的实际情况看，经过近10年的努力，水质已大大提高，已经达到国家要求的水平，但是人民群众尚不完全满意。这主要与现有水源水质的不稳定、净水工艺水平的局限性及配水管网的质量有关。根据杭州市政协一次涉及1000人的民意调查，83%的居民饮用桶装水，22%的居民对自来水的水质不满意，85%的居民希望进一步提高龙头水水质，市民希望政府提供“安全水、放心水、健康水”。

提高源水水质，改善水厂常规处理工艺，加强管网改造和对管网水质的监控，是杭州市全面提升水质的关键。

一、实施配水工程，彻底改变原水

居民所需饮用水，从水源地流到家中，要经过源水、净水、输水、用水4个环节。源水就是水源地，水源地由水利部门负责建设，由环保部门负责环境监管；净水就是自来水厂的净化处理；输水是通过供水管网将水输送到家中的水龙头，由建设部门负责建设和监管；用水是指从水龙头接水使用，由卫生部门负责监管居民用水卫生情况。

近年来，也有一些居民直接饮用桶装水、瓶装水，但做饭、洗菜的用水，还离不开经过上述4个环节流到家里的水。从理论上讲，源水中的污染物，可以在净水环节去除，只不过需要一定的工艺和费用。但是，我国以地表水为水源的公共供水厂中，95%普遍采用混凝、沉淀、过滤加消毒的常规净水工艺，俗称“老三段”。用这种处理办法，根本处理不了源水中的许多污染物。同时，城市输水管网老化，造成的二次污染也不容忽视。

另外，我国评价生活饮用水水质依据的是《生活饮用水卫生标准》，它包括106项水质指标，指标限值已经与国际先进水平接轨。这一标准为强制性标准，于2007年7月1日起实施，其中64项非常规指标最迟于2012年7月1日全面实施。但是，许多公共供水厂是在这一标准颁布之前设计建造的，建设标准相对较低，难以达到这一标准。全面达到这个标准，还需要一个过程和相当大的投入。在广大乡镇和农村地区，还存在大量的分散式饮用水源，大多数水源的水不经过任何处理，就直接作为饮用水。

从这个意义上讲，保障饮用水安全的首要任务，应该是强化对各类饮用水水源地的保护，这也体现了源头防治这一环境保护的基本原则。保护好源头，既能减少净水、输水环节的投入，又能提升安全保障水平，是最为经济高效的饮用水安全保障措施。

二、改造供水管网，减少二次污染

城市供水管网是结构复杂、规模巨大的管线网络系统，是城市赖以生存的血脉。作为保障居民生活、企业生产、公共服务和消防等各方面用水的地下供水管线，是城市基础设施的重要组成部分，也是城市管理部门进行规划、建设、管理的基础信息之一。因此，供水管线数据的质量及管理方式的现代化水平，对城市供水水质会有很大影响。

出厂水需要通过复杂且庞大的管网系统才能输送给用户，其间管线长度可达数十甚至上百千米。水在管网中的滞留时间可达数日，庞大的地下管网就如同一个大型的反应器。水在这样的反应器内，发生着复杂的物理、化学、生物变化，使管网结构完整性被破坏，从而导致水质发生变化，造成管网污染。相关部门在对用户的自来水进行长期监测中发现，氯、浑浊度、细菌总数、总大肠杆菌群4项常规指标值和综合合格率均有较大的下降。因此，常常会出现水厂出厂水水质完全符合国家标准，而用户投诉水质不合格的情况，水质表现为浑浊、发黄、发红甚至发黑。这些特点都表明，水在管网输送过程中发生了二次污染。因此，自来水管网需要定期进行改造。

截至2010年底，杭州城区供水管网总长度为3673千米。管网漏损是水资源浪费的重要原因，因此要加强管网改造，减少管网漏损率；要推广管网检漏防渗技术，加大新型防漏、防爆、防污染管材的更新力度。在管材选择方向，针对大口径管材，应优先考虑预应力钢筒混凝土管；中等口径管材，要优先采用塑料管和球墨铸铁管，逐步淘汰灰口铸铁管；小口径管材，优先采用塑料管，逐步淘汰镀锌管。同时，相关方要加强对水厂自用水的管理，逐步建立供水管网GIS、GPS信息系统，配套建设具有状态信息、事故分析、决策调度等功能的决策支持系统。

供水部门在发展净水、改造净水工艺设施，提高出水水质的同时，应该加强对输配水系统的维护管理，通过测定出厂水在管网中的生物稳定性和对造成管网水质二次污染主要因素的分析研究，提出改善管网水质及避免二次污染的技术措施。这对保障人民身体健康、保证社会经济的持续稳定发展，具有重要的积极的意义。

三、确立节水意识，提高用水效率

随着水资源日益紧缺，水资源开发费用日益昂贵。解决水资源供需矛盾的办法，是坚持把节约用水放在首位，努力创建节水型城市。

根据国务院《全国生态环境保护纲要》提出的“坚持开源与节流并重，节流优先，治污为本，科学开源，综合利用”原则和《浙江省可持续发展规划纲要》及《浙江生态省建设规划纲要》精神，节水是实现水资源合理配置和永续利用的主要有效措施。在千岛湖配水工程的实施，相关部门同样应遵循“三先三后”原则，即“先节水后调水，先治污后通水，先环保后用水”。

一是优化调度千岛湖水库。运用系统工程的理论及最优化技术，借助于电子计算机，寻求最优准则、达到极值的最优运行策略。通俗地说，就是根据水库的入流过程及综合利用要求，寻求最优的水库调度方案，按照这种最优调度方案进行蓄水、用水和泄水，使防洪、灌溉、发电、供水等部门的综合利用效益达到最大，而不利影响达到最小；使水库的设备能力得到充分发挥，水能、水资源得到充分合理的利用。

二是建立用水效率控制制度。要建立节水制约机制，明确用水效率控制红线，确定用水效率控制指标，建立覆盖城乡、各行业的用水效率控制指标体系，坚决遏制用水浪费。扶持节水产业发展，支持节水关键技术和节水产品的开发、示范和推广，培育节水设备市场，政府要为节水器具的生产、销售打下良好的市场基础。要建立节水激励和补偿机制；落实建设项目节水设施与主体工程同时设计、同时施工、同时投产制度；积极培育节水文化，引导和推动节水型社会的建设。

三是积极推进水价改革。充分发挥水价的杠杆调节作用，兼顾效益和公平，以水价调控节水。政府依据《中华人民共和国水法》合理制定水费，采用按成本收取和超定额用水加价收费的政策，促使城市居民、工矿企业节约用水，提高水的利用率，以市场机制促进节水。大力促进节约用水和产业结构调整。针对工业和服务业用水，可逐步实行超额累进加价制度，拉开高耗水行业与其他行业的水价差价。在充分考虑低收入家庭的承受能力的基础上，合理调整城市居民生活用水价格，稳步推行阶梯价格制度。

四是推行节水措施和技术改造。首先，要以提高水循环利用率为主攻方向，降低工业用水。其次，提高城市工业废水再生回用率和工业用水价格，推动产业结构调整，促使企业改造工业设备和生产工艺，降低用水量。然后，对于重点工业和乡镇企业，都要推行节水措施和技术改造，把节水和重复利用当作一项重要指标，同时加大技术改造的力度。最后，要重点建设城市污水集中处理回用工程，提高水的重复利用率。

五是提高城乡居民的节水意识。首先，采取先进节水技术，减少无效或低效耗水。如新建的住宅楼、办公楼、娱乐场所、宾馆、酒店等公共场所，学校的教学楼和学生宿舍楼内，都可安装节水器具和节水设备，现有住宅的用水设施也应逐步改装。其次，鼓励相关人员使用无污或少污洗涤用品，减少生活用水浪费，如杜绝跑、冒、滴、漏、长流水等浪费水的现象。最后，要加强宣传教育，使居民能自觉节约用水。

四、统筹城乡供水，保障农村水质

相关部门要按照构建新农村供水保障体系的要求，始终坚持统筹规划，城乡一体，以适度规模的联村集中供水为主，整体推进与重点工程相结合，集中供水与分散供水相结合，加快建立农村饮水安全保障体系，提高供水质量和保障率，为新农村建设提供基础条件。

一是城乡统筹，综合规划。政府相关部门组织各区、县（市）编制农村饮水安全总体规划。该规划要坚持“三个统筹，三个结合”，即城乡供水统筹、各种水源合理开发统筹、饮水不安全村与饮水安全村工程建设统筹；集中供水与分散工程建设结合，水源布局近期与中远期结合，新建工程与原有可利用工程结合。

二是因地制宜，分类指导。在农村供水工程建设中，相关部门应充分考虑当地的自然、经济、社会、水资源等条件及村镇发展需要，进行分类指导；成立农村饮水安全项目专家技术指导组，对工程设计方案、技术和设备选型等进行技术指导，帮助解决工程建设管理中遇到的疑难问题。

◎ 第三篇

杭州市第二水源千岛湖配水工程投融资研究

水资源是基础性、战略性、稀缺性资源。规划实施千岛湖配水工程，是一项功在当代、利在千秋的民生工程，也是一项庞大而复杂的社会系统工程，有利于杭州“品质之城”“魅力之城”的塑造和提升。由于配水工程的投融资模式与其运行模式息息相关，本章首先探讨运行模式，其次分析投融资模式，最后提出相关的建议。

本章提出的思路与对策，以下列前期研究成果和基本判断为前提。

第一，作为杭州市基本水源的钱塘江和东苕溪水质不理想，且未来呈现下降恶化趋势。未来即使进行深度处理，也难以满足日益增长的健康饮水要求。

第二，全面分质供水由于难以克服地下空间狭窄、地面交通拥堵、管网铺设成本巨大等问题而难以实施。可实施的方案是按功能区实行分质供水，即对城区供水用千岛湖原水，对工业园区供水仍用钱塘江或东苕溪原水。

第三，千岛湖得到有效保护，水质达到国家Ⅰ类水标准。

第四，配水工程静态投资150亿元，近期(2020年前)年取水量达10亿立方米，远期(2030年后)年取水量达20亿立方米，能满足杭州主城区及桐庐、富阳和嘉兴县市区的长期用水需求。

第五，配水工程对新安江水库电网安全、钱塘江流域生态环境及水体、流速、水权分配、杭州湾入海口等未造成实质性不良影响。

本章的主线是：以水务投资主体多元化、运营管理企业化、融资方式多样化、业务资产证券化为解决问题的出发点和归宿，谋求投资周期最合理、成本最低、回报最快、社会经济和生态效益最佳、反响最好的投融资方案。在机制设计中，我们强调借助浙江“资金海洋”的地缘优势，嫁接“嗅觉灵敏、应变快捷、绝对收益、市场取向”的民营机制。在方案谋划中，我们坚持以创新性思维打破现有水务资产、业务、管理条块分割，良莠不齐的格局，按照“存量优化、增量优选”原则，构建政府意志和市场经济统一、公益性与效益性兼顾、短期牺牲和中长期回报平衡、最终登陆资本市场的水务投融资体制和机制。

第一部分　国内外水务产业运行模式比较

水务产业具有高资金密集性、成本沉淀周期长、政府实行价格管制及自然垄断性等特征，这使其在发展过程中始终存在对资金的高度饥渴和严重依赖。欧美国家在长期实践过程中，逐渐形成了4种比较成熟的模式。我国各地在水务改革中也做了大量的探索工作。

一、水务产业运行的国外经验

欧美水务产业运行模式情况见表3-1。

表3-1　欧美水务产业运行模式比较

	英国	法国	美国	荷兰
模式特点	完全私有	特许经营，以私有为主的混合模式	以公有为主的混合模式	公有私营
投融资主体	私有水务公司	特许经营的私营水务公司、公有水务公司	市政当局所属的水务资产、私营水务公司	公有水务公司
主要股东	私人投资者	私人投资者、市政当局	市政当局、私人投资者	公众
融资方式	债务融资、股权融资	股权融资、债券融资、项目融资、政府补贴、政府财政、国家水基金	市政债券、州周转基金、杠杆债券、政府资金、股权融资、债务融资	债务融资
资金来源	债券市场、上市融资	资本市场、债券市场、BOT（Build-Operate-Tranfer模式，即建设—经营—转让模式）、政府	公众、州周转基金、联邦政府、州政府、资本市场、债券市场	商业银行、养老基金、保险公司等
备注	高负债、严监管、全成本定价	股权融资和债券融资并重，政府有补贴	州周转基金和发达的资本市场为水务投资提供资金保障	无政府补贴、全成本回收、财务透明、比较机制

（一）英国模式

英国模式主要是指在英格兰和威尔士的水务产业运行模式，核心是委托私营企业营运和管理。

“二战”前后，英国水务行业高度分散，全英拥有超过1000家的供水实体和大约1400家的排水实体。从20世纪70年代初开始，在英格兰及威尔士地区，水资源管理体制发生了两次改革。

第一次改革是根据1973年的水法，流域内不再按行政区划分，而是按流域分区管理，并通过合并、整顿，成立了10个水务局，每个水务局对本流域与水有关的事务进行统一管理、全面负责。水务局不是政府机构，而是法律授权的具有很大自主权、自负盈亏的公用单位。

第二次改革是在20世纪80年代中后期。1986年，政府通过立法使水务局转变为股份有限公司，其目的是使水务局不受公共部门的财政限制和行政干预。

1989年新的水法颁布后，水务局便成为国家控股的纯企业性公司，并改称为水务公司，负责提供整个英格兰和威尔士地区的供水及排污服务。1995年，政府出售了其持有的水务公司股票，从水务公司中完全退出，实现了水务产业的私有化。

私有化改革以后，政府补贴基本取消，股权融资成为英国水务企业的主要融资途径，其大大促进了水务行业的投资。20世纪80年代，处于国有化时期的英国水务行业年投资额仅为17亿英镑。而私有化后，英国水务公司年均投资额达33亿英镑，几乎翻了一番。

与此同时，英国加强了对水务产业的监管，采取的主要方法包括受监管业务隔离原则、特别行政管理、危机预警机制、信用评级要求、资本维护共同框架等。英国水务管理办公室（Water Services Regulation Authority，OFWAT）每隔5年都要公布一次草案，规定水务公司可征收的水费、用于投资的资金额以及可赚取的利润额等等，由于监管机构制定了严格的标准和实施时间表，水务公司的运营成本大大降低，在过去10年中，水务行业单位成本每年下降3%。

英国政府将水务产业私有化，负责对水价和投资的监管，这种完全私有化的水务产业运行模式同时也使英国成为水务监管体制最为科学和完善的国家。这种模式的特点是，市场行为和政府行为在水务产业投融资方面各司其职，保障了市场的有效性和公平性。

（二）法国模式

法国水务产业在保留产权公有性质的前提下，通过特许经营引入私营公司参与水务设施的建设和经营。其本质是将水务产业设施外包给私营企业经营，但私营企业不拥有相关设施的所有权。目前，在法国各地营运水务的主要有3家私营公司，分别是威立雅水务、苏伊士水务和萨尔水务。威立雅水务与苏伊士水务是全球最大的2家水务公司，各自在100多个国家开展水务业务。

在特许经营下，私人公司必须依靠市场机制进行融资，而不能依靠公共资助的渠道解决融资问题。因此，威立雅、苏伊士和萨尔都是上市公司，股权融资是其主要融资渠道。同时，政府仅予以它们少量补贴，主要有3种形式。

一是政府拨款与贷款。通常以补贴的形式从政府财政预算中拨款，或者发放低息贷款。

二是流域水资源管理局补助与贷款。流域水资源管理局代表国家接受地方省区上交的部分税款（水税和污染税），收取的税款大部分以补助和贷款的方式提供给地方政府，用于水务开支。

三是国家水基金。法国设立了专门的水基金和流域水基金，用于水科研、水管理和水污染防治等。

总体上看，法国政府通过与私人公司签订合同，将水务项目建设和经营责任转移给受托公司，同时遵守全成本原则，从水价机制中补偿水务项目投资的资金回收。其基本特点是，强化准入监管，通过项目经营权的初始竞争控制成本，实现对水资源和水务设施的政府控制。

（三）美国模式

美国大多数水务资产属于市政当局所有，各州、各城市在水权交易市场获取水权后，根据用水的重要性，将有限水资源在个人、企业和市政用水间进行合理分配，最终落实到用户。各市政水务的主要投融资渠道有 3 种：

一是联邦政府和州政府提供拨款和长期低息贷款；

二是市政债券；

三是水务公司通过发达的资本市场，利用股权和债务形式筹集资金。

其中，联邦政府和州政府提供的扶持资金主要有以下 3 种。

(1)建设拨款项目：主要是联邦政府根据《清洁水法案》向各州城市污水处理厂提供的资助。1990 年，美国国会停止建设拨款项目(除哥伦比亚地区、维京群岛和外太平洋群岛外)，改由州清洁水周转基金提供低息贷款。

(2)州清洁水周转基金：该周转基金由联邦政府和州政府共同拨款在各州逐步建立。据统计，从 1987 年到 2007 年，州清洁水周转基金总共向 20 700 个清洁水项目提供了 630 亿美元的低息贷款。

(3)州饮用水周转基金：该周转基金根据《安全饮用水法案》(1997 年)设立。1997—2007 年，各州饮用水周转基金共支持了 5550 多个项目，援助资金达到 126 亿美元。

对于私有水务公司，一般通过资本市场，利用股权和债务形式筹集资金。政府主要通过核定投资收益率，鼓励社会资金投入水务项目的建设和运营中。

总体上看，美国政府在水价制定上坚持不盈利原则，但同时强调要保证项目投资的回收与按期还贷、运行维护管理和更新改造所需支出。在美国，供水经营无须纳税。这种政府支持与市场运作相结合的方式，值得我们借鉴。

（四）荷兰模式

荷兰水务产业的特点是几乎完全公有。按照公司法组建的有限公司，股权所有者是地方政府、省政府，少数情况下还有代表中央政府的机构。目前，荷兰全国有40家水务公司，其中有32家为公有水务公司，为多个城市提供水服务，另外有6家是完全公共管理的，只有2家是私营的企业。

荷兰公有水务公司一般只能从荷兰的商业银行、养老基金、保险公司等渠道获得投资资本。与其他行业相比，水务行业的贷款有非常优惠的条件，不仅不需要政府担保，而且还能获得比其他私有企业更低的利率优惠。

从荷兰公有水务公司的实际运行情况来看，其财务状况大多良好。由于荷兰公有水务公司不以利益最大化为目标，减少了法国模式和英国模式所内在的滥用垄断权力、政府监管压力巨大等问题。存在的主要问题是，公有水务公司的水务一般具有地区性限制，无论是所有者，还是运营者，都没有积极性把业务推广到其他地区。

二、水务产业运行的国内探索

中国水务改革始发于20世纪80年代末，主要是水务建设项目的市场化融资。20世纪90年代中期，水务改革的主要形式是中外合作经营及BOT。2002年后，水务市场化改革拉开帷幕，主要举措是所有权与经营权分离，包括水价及污水处理费形成机制改革。其主要原因是，随着城市化的推进，水务相关设施建设资金需求巨大。按照国家"十二五"规划和国家发展目标，2015年中国城市化水平将提升至58%，需要新增城市供水能力4500万立方米/天，污水处理能力4000万—5000万立方米/天，资金需求在万亿元以上。

在此背景下，国外水务企业依靠雄厚的资本、先进的技术和管理经验迅速进入中国水务市场，国内金融资本巨头和大型国有水务集团在地方政府的支持下加快改革发展，与之抗衡，民资则悄无声息地进入中小城市水务项目。与此同时，水务产业投融资手段、方式花样翻新、异彩纷呈，BOT，PPP，TOT，ABS等轮番上场，合资、并购、委托、租赁等方式接连出现，投资主体多元化趋势方兴未艾。其间，上海、深圳、兰州、重庆等地的探索实践在全国引发巨大反响。

(一)上海市水务的实践

2000年12月，上海市水务局进行水务运营体制改革，在原上海市排水公司的基础上，按照投资、建设、运营三分离原则，设立了上海水务资产经营发展公司，上海城市排水公司，上海环境建设公司，上海城市排水市北、市中、市南运营公司等单位，形成了比较完整的以国资为主导的水务营运体系。

其中，上海水务资产经营发展公司负责对供水和排水国有资产的管理，拥有3个排水运营公司、3个供水公司等全资子公司，以及环境建设、原水股份等控股子公司，并且拥有浦东威望迪供水公司50%的股份。上海城市排水公司是水务资产经营管理公司的子公司，主要负责排水设施有偿使用费的收缴，并受水务资产经营发展公司的委托对3个排水运营公司进行监督管理。3个排水运营公司主要负责污水处理厂及管网的运行和维护，没有对外投资权，主要领导由水务资产经营发展公司委派。2002年，上海水务资产经营发展公司与法国威立雅水务达成收购协议，后者斥资近20亿元，以净资产3倍溢价收购上海浦东自来水公司50%的股权，并获得长达50年的特许经营权。

(二)深圳市水务的探索

深圳市水务集团有限公司是城市水行业中最早实施“产权清晰，权责明确，政企分开，管理科学”的现代企业制度改革的国有供排水企业。2001年12月，深圳市水务局将污水处理厂及排水管网的30多亿元资产整体并入自来水集团公司，组建了我国首家资产达60亿元的大型城市水务集团——深水集团。

2004年，在地方政府的主导下，长期领跑城市水业的深水集团45%的股权被法国威立雅水务和首创股份联合收购。外来资本的注入改变了深水集团的发展节奏，调动了集团本身蕴藏的潜力，打破了单一国有股权的制约，也激活了深水集团异地成长的战略，强化了其做大做强的决心。在当时新的水务市场环境下，深水集团确定了未来5年的发展战略目标，即立足深圳，面向全国，把集团打造成为中国水务行业的旗舰，成为中国水务行业的领航者。

围绕打造中国水务行业旗舰的战略目标，深水集团正逐步稳健地从地方性水务运营商向全国性综合水务服务商转变。

（三）兰州市水务的探索

2007年1月，兰州市政府将兰州供水集团45%的股权及污水处理项目以17.1亿元（上述股权及项目净资产仅分别为1.4亿元和3.5亿元，溢价率约250%）的价格转让给法国威立雅水务，期限为30年。尽管水务改革表面上只是政府授予水务运营者的水务特许经营权的转移，但结果是一个尴尬的局面：水权属于国家，地方政府是其监管者与持有者。将部分产权卖给水务公司后，政府有了既是监管者又是被监管者的双重身份。在政府定价的背景下，水业资产溢价是地方政府用未来的预期水价和水量收益进行的短期资产融资，最终要由消费者承担和消化，水价上涨不可避免。2008年，兰州威立雅迅即提出水价上调49%的要求。由于外资溢价收购被认为是水价不断上涨的“幕后推手”，2009年下半年以来，许多城市也放弃了与外资合作，转而走重庆式“一体化”的改革模式。

（四）重庆市水务的实践

2010年3月29日，重庆水务登陆上海证券交易所，募集资金34亿元。这标志着以国资为主导的“水务一体化”改革模式正式启动。重庆水务是国内唯一一家供排水一体化、厂网一体化、产业链完整的省级垄断水务上市企业，日供水能力为143.9万吨，日污水处理能力为168.3万吨，2008年收入23.7亿元，超过所有此前上市的水务公司。法国苏伊士水务为其战略投资者。

重庆水务最重要的特点是一体化，包括区域供水一体化、供排水一体化、城乡一体化等，具有明显的环境和经济双重效益。这一方面促进了区域水资源的统一规划和优化配置，强化了对水资源的节约保护，保障了城乡防洪安全、供水安全、水生态与水环境安全；另一方面有利于区域水务类国有资产、业务、人力资源的重组和整合，实现行业的内生效益，打造水务品牌。

三、杭州市水务产业运行模式的选择

探讨上述运行模式，核心问题是钱塘江配水工程建设是否要与杭州市水务运行管理体制的改革结合起来。水务作为一种公共产品，由政府直接营运无可非议，但并不妨碍引入市场机制，乃至委托私营企业营运。通过市场筹集资金，或发挥私人资本作用，是欧美国家尤其是英国和法国水务行业的基本特点，也是我国一些水务改革先行地区共同的做法。其间的关键是要加强监管，确保其公共产品的性质。其中，荷兰公有水务公司不以利益最大化为目标，美国政府在水价制定上坚持不营利原则、以政府财政资金大量投入水务、供水经营无须纳税等做法，是值得我们认真思考的。

从我国实际情况看，由于政府财政存在巨大缺口，许多地方政府在水务改革发展中引进了外资。但若在水价等问题上处理不当，可能引发严重后果。兰州将水务公司股权高溢价卖给国外水务集团，在合同中注明城市水价与物价挂钩，导致外资要求政府无休止地提高水价，这在国内引发一片质疑，西安等城市因此放弃了与外资合作。

相应地，以重庆为代表的“一体化＋上市”改革模式被各地寄予厚望。与此相类似，南海区、武汉市之前就已经尝试将水厂单独剥离出来，通过借壳、买壳及 IPO 等方式对接国内外资本市场，用募集资金投资于其他水务项目。至于上海市、深圳市通过改制组建供排水集团公司，以资本运作实现城市水务规模的拓展和管理、经营、技术、综合服务水平的提高，也代表了我国水务企业经营模式改革的主流方向。一旦其谋求上市成功，即是重庆模式的翻版。

总体上看，由于各地财政资金都比较紧张，积极谋求投资多元化，尤其是从资本市场筹措资金，已经成为各地推进水务改革与发展的重要选择。据统计，2010 年中国水务产业投资资金 15%来源于中央财政，13%来源于外资，17%来源于国内银行贷款，25%来源于地方政府的财政投入，12%通过民资解决，8%来源于债券市场和证券市场，10%为自筹资金。来自债券市场和证券市场的资金比2004年(见图3-1)有了大幅度的提高。

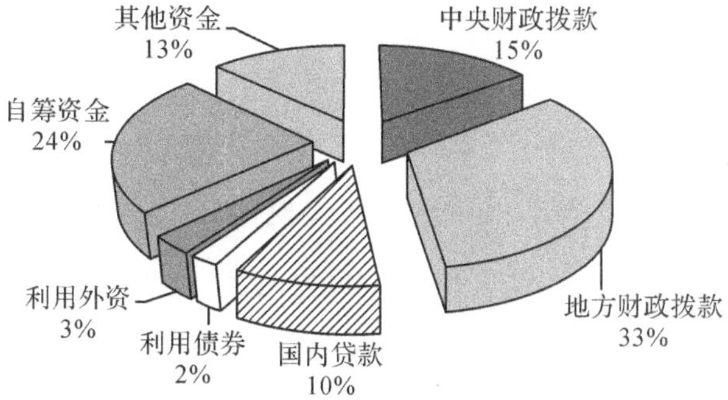

图3-1　2004年全国城市水务投融资结构

但也有许多城市相对稳妥、谨慎,依然坚守国有独资体制,诸如北京市、广州市、南京市、杭州市等。其主要原因如下:一是这些城市的财政比较宽裕;二是注重民生,坚持低价提供水务产品;三是过去的若干年中没有大的水务工程项目,资金需求不大;四是现有体制运行良好。其中,杭州市的情况尤为突出,是国内少数几个水价不高的城市。

但是,一旦千岛湖配水工程提上议事日程,水务运行体制改革就成为一种必然。根据有关部门测算,千岛湖配水工程静态投资达150亿元,动态投资可能更大。其间,除非杭州市政府能低成本筹集150亿元资金并低价向制水企业提供原水,否则必然要大幅度上调水价。因此,我们认为,千岛湖配水工程的资金筹集要与水务运行体制的改革结合起来。这一方面是为从资本市场筹措资金创造条件,另一方面也是继续以较低价格向市民提供优质自来水及相关服务的客观要求。

第二部分 可供选择的3种投融资方案

按照静态投资150亿元的工程预算框架，再综合考虑水务体制、水价、财政补贴等因素，我们提出可供选择的3种投融资方案。

一、方案一：组建原水供应公司

配水公司主要从事工程建设和原水供给业务，总的定位是独立非盈利企业，以较低的融资成本及运行成本为杭州市及嘉兴有关县市区的制水厂提供优质原水。

(一)基本思路

按照《公司法》的要求，相关方组建一家以原水供应、配水工程建设、运营、维护、保养为主营业务的有限责任公司，成为"独立核算、自负盈亏、自我发展"的经济实体，附加作为地方融资平台和被上市公司吸收合并的功能。由于项目本身的公益性质，经济效益不是考量的首选因素，在水价难以大幅度提高、经济效益不高的条件下，政府财政和国资必然成为主要或唯一的投资主体。也因为如此，必须在收益确定的前提下，谋求风险最小化。主要举措是保持"高资本、低负债"，资本负债率最高不超过60%，一般控制在50%以下，以避免财务成本偏高对公司持续发展、规模扩张带来的冲击和危害。

(二)资本结构

该方案总投入150亿元，其中资本金80亿元，贷款等各项负债70亿元。

80亿元资本金中，争取中央、省级财政投入16亿元，占总股本的20%，主要目的是争取将配水工程列入国家重点基础设施建设计划(也可考虑由嘉兴市出资)；杭州地方财政投资24亿元，占总股本的30%；杭州市相关市属国企投资24亿元，占30%；设立杭州市水务产业投资基金，出资16亿元，占20%。

70亿元的融资中，争取向政策性银行贷款25亿元，国债贴息贷款15亿元，债券或信托10亿元，夹层融资20亿元。除此之外，再争取获取20亿元商业贷款（备用）。夹层融资是在千岛湖配水工程分段分期招投标过程中，可约定承包商先行垫资不超过总投资额15%的资金，待工程完工后结清。

（三）盈亏分析

（1）前提条件：工程静态建设投资总额为150亿元，使用寿命50年；工程建设工期为3年；配水工程设计年供水能力为20亿立方米；政策性贷款年利率不超过6%，商业贷款利率不超过7.05%。

（2）资金安排：按上述条件计算，3年建设期资金安排如表3-2所示，总投资155.61亿元。

表3-2　投资计划与资金筹措表

（单位：万元）

项目		合计	第1年	第2年	第3年	第4年
固定资产投资		1 500 000	400 000	500 000	600 000	—
资金筹措	资本金	800 000	300 000	300 000	200 000	—
	夹层融资	200 000	100 000	100 000	—	—
	国债贴息	150 000	—	100 000	50 000	150 000
	政策性贷款（6%）	250 000	—	—	250 000	250 000
	债券或信托（6%）	100 000	—	—	100 000	100 000
	商业贷款（7.05%）	200 000	—	—	—	200 000
建设期利息		56 100	—	—	21 000	35 100

（3）成本估算：按照达产年份配水量10亿立方米估算，单位配水成本为1.10元/立方米。其中，工程投资按30年折旧期和摊销测算，年折旧费用为51 870万元；人工、维护、管理等年运行费用按0.2元/立方米估算，约20 000万元；年利息成本约为35 100万元。三项合计约106 970万元。

(4)收益估算：按照单位配水成本1.10元/立方米计，在年配水总量10亿立方米的条件下，原水价格如果低于1.10元/立方米，配水公司将产生营运亏损；原水价格达到1.40元/立方米，配水公司的净资产收益率可达到3.75%；原水价格达到1.50元/立方米，配水公司的净资产收益率可达到5.00%(见表3-3)。

表3-3　原水价格敏感性分析

原水价格(元/立方米)	净资产金收益率(%)	投资回收期(年)
1.10	0.00	—
1.20	1.25	80.00
1.30	2.50	40.00
1.40	3.75	26.67
1.50	5.00	20.00
1.60	6.25	16.00

(四)利弊分析

该方案操作简单，现有水务体制可以基本不触动，但需要投入的资本金总量比较大。最为突出的问题是，原水价格必须达到1.40元/立方米左右，才能基本确保投资方的利益。这意味着杭州市的水价要从目前的1.85元/立方米提高到3.25元/立方米，提价幅度高达75%，市民恐难以接受。

为此，可选择每年予以配水公司3亿—4亿元的财政补贴。相应地，原水价格可降至1.00—1.10元/立方米，水价只需提至2.85—2.95元/立方米，应在市民可接受的范围内。这一财政补贴，一方面可充分体现城市管理者对民生之关爱和对民情之体恤；另一方面，也可随着经济的增长、百姓收入的提高、供水量的增加、水价的提高逐步减少乃至取消。

但是，如果2020年以后(比如2025年)年配水总量达到15亿立方米，单位配水成本为0.8元/立方米；2030年配水总量达到20亿立方米，单位配水成本为0.65元/立方米。相应地，2020年以后，每年予以配水工程公司的财政补贴可全面取消。也就是说，2025年以后，配水公司的财务状况将全面改善，到2030年如果继续维持现有的水价，配水公司每年的收益将超过10亿元。

二、方案二：增加高端饮用水业务

配水公司除从事工程建设和原水供给业务外，增加一块高端饮用水业务，以高端饮用水业务的高利润、高回报来弥补配水工程的低回报，从而缓解公司的财政压力，谋求社会效益与经济效益的统一。

（一）基本思路

在方案一的基础上，增加一块高端饮用水业务，以此业务的盈利中和、平衡配水业务因水价难以一步到位地提高而产生的亏损，并使配水公司有条件成为盈利的企业。在投融资结构安排上，配水公司要坚持政府主导的原则不变，但注重吸引民营资本加盟，以民营资本替代中央、省级财政的资本金投入，同时引入更加灵活的经营机制，以适应高端饮用水业务的市场竞争特点。同时，继续保持“高资本、低负债”的状态，资本负债率最高不超过60%，一般控制在50%以下。

（二）资本结构

该方案总投入160亿元，其中150亿元用于配水工程，10亿元用于高端饮用水业务。150亿元的投资中，资本金为80亿元，贷款等各项融资为70亿元。

资本金中，杭州地方财政投资24亿元，杭州市相关市属国企投资24亿元，杭州市水务产业投资基金投资16亿元，吸引多家民营企业合计出资16亿元；或杭州地方财政投资20亿元，杭州市相关市属国企投资20亿元，杭州市水务产业投资基金投资10亿元，嘉兴市政府出资14亿元，吸引多家民营企业合计出资16亿元。

负债结构与方案一相同，在此不再赘述。

（三）盈亏分析

（1）前提条件与方案一相同。

（2）资金安排与方案一相同。

（3）成本估算与方案一相同。

（4）收益估算：按照千岛湖配水工程实施后水价控制在3.00元/立方米以下的预期，原水价格必须控制在1.00元/立方米左右。由于配水成本为1.10元/立方米，加上合理利润，原水价格应在1.40元/立方米左右，其间必然产生3亿—4亿元的利润损失。在方案一中，这一亏损通过财政补贴弥补。在方案二中，则期望从高端饮用水业务中获得弥补。

我们认为，千岛湖水是不可多得的优质水，以此为基础制成的高端饮用水，在长三角地区乃至全国具有广阔的市场。农夫山泉的成功就是最好的证明。可以肯定的是，一旦配水工程完成，以杭州市为生产基地的高端饮用水，其生产成本必然低于农夫山泉，完全有条件在长三角地区赢得竞争优势，每年获得3亿—5亿元的利润，即使达不到3亿—5亿元的预期目标，也可在一定程度上缓解财政补贴的压力。另一种选择是，以引至杭州市的千岛湖水为着眼点，采取独家特许经营的方式，引入民营高端饮用水企业，以收取的特许经营费来补贴配水公司。

（四）利弊分析

该方案操作也比较简单，现有水务体制既可以基本不触动，也可以改制重组，以适应未来水务产业发展的新形势。方案二虽然投入的资本金总量仍然比较大，但由于引入了民营资本及新的业务领域，使水务产业新增了活力和增长点，总体上优于方案一。可能面临的问题是，对现有企业会产生一定的冲击，如杭州本地的娃哈哈和农夫山泉。但也存在与娃哈哈、农夫山泉进行大规模重组，从而打造全国高端饮用水市场龙头老大的机会和空间。

三、方案三：组建混合型水务公司

混合型水务公司从建德铺设一条年输水量在1000万—2000万吨的小管道到杭州市，以低价优质的千岛湖水品牌抢占长三角地区的纯净水、矿泉水市场份额，力争在4年内上市。上市后对重组后的杭州水务集团进行吸收合并(合并后改名为杭州水务)。同时，通过首发、增发等手段从资本市场筹集资金，整体收购配水公司，最终使杭州水务成为一家集配水、制水、供水、排水于一体的大型水务集团公司。

(一)基本思路

博采方案一、方案二之长，借鉴重庆市“一体式”证券化之经验，首先设立国资控股的千岛湖股份，专业从事高端饮用水业务，力争4年内上市。与此同时，重组现有的杭州水务集团，设立配水公司。其中，重组后的杭州水务集团要确保其注册资本、股权结构、主营业务构成、盈利水平、成长性预期等符合被上市公司吸收合并的条件，争取有较高的议价能力。千岛湖股份上市以后，即选择时机对重组后的杭州水务集团进行吸收合并，同时整体收购配水公司的资产和业务，从而在完成杭州市水务产业一体化、证券化的同时，利用资本市场筹集资金实施千岛湖配水工程后期建设工作。

(二)实施步骤

1.设立“千岛湖股份”

公司注册资本控制在10亿元左右，其中国资占60%左右，民资占40%左右(股本太大，影响发行市盈率和筹资规模，而且股权稀释后容易使地方政府丧失控股权；股本过小，募集资金受限，达不到收购配水公司的目的)。公司从千岛湖铺设一条年输水量在1000万—2000万吨的小管道到杭州市，在杭州市设立制水厂及瓶装水、桶装水厂，以低价优质的千岛湖水品牌抢占纯净水、矿泉水市场份额。公司先利用大小管道建设的时间差，占据杭州市场，随后向湖州市、绍兴市、嘉兴市等地区扩张、延伸，最终对接长三角乃至全国；力争3—4年后，年销售额达到20亿元左右，净利润额达到6亿元左右，并实现上市这一战略目标。其间，要确保企业主要效益指标年均增长30%以上。

2. 重组杭州水务集团

将杭州水务集团中资产质量最好、盈利能力最强、现金流最充沛的资产和业务进行重组，注册资本控制在10亿元左右。其中，国有资本以杭州市所属部分自来水厂、污水处理厂资产作价入股，占总股本的60%以上；民营企业按照一定比例的溢价，现金出资15亿—20亿元，占总股本的40%以下。相关负责人力争3—4年后让集团销售收入达到8亿元左右，净利润达到1亿元以上。

3. 设立“千岛湖配水工程公司”

设立千岛湖配水工程公司，公司注册资本控制在20亿元左右，融资规模控制在20亿元左右，先开展配水工程的前期投资。

4. 千岛湖股份择机吸收合并重组后的杭州水务集团

千岛湖股份上市以后，第二年择机吸收合并重组后的杭州水务集团，并改名为“杭州水务”。其当年销售收入达30亿元左右，净利润在8亿元左右。

5. 千岛湖股份整体收购配水工程公司

千岛湖股份利用上市募集的50多亿元资金整体收购配水工程公司。第三年，杭州水务通过公开增发、定向增发、可转换债券等形式再募集资金40亿元投入配水工程中期建设中。第四年，再募集资金40亿元投入配水工程后期建设中。

最后，根据需要再逐步收购其他水务资产，实现杭州水务一体化运营和价值链整合。

（三）操作可行性分析

长期以来，国内外资本市场对水务企业的认可度和估值都比较高。从国内资本市场看，截至 2011 年 9 月 20 日，国内证券市场水务行业平均市盈率高达 31 倍(参见表 3-4)，比大盘均值多 1 倍以上。我们按此推算，千岛湖股份与经过重组的杭州水务集团合并后，其市值会因此而比较高，经过 3—4 次增资扩股或发行可转换债券，足以筹集 100 亿元乃至更多的资金。

在国际资本市场，水务企业同样因为行业盈利稳定、现金流充沛和良好的分红记录而深受资本市场青睐，估值水平也比较高(见表 3-5)。

这表明，水务企业由于市场稳定，又有政府的政策扶持，国内外证券市场对其的认可度都比较高，估值也比较高。这为其大量筹集资金创造了良好的条件。

表 3-4 国内部分水务上市公司相对估值

名称	代码	股价	市值	每股收益	市盈率	市净率
				2010 年	2010 年	2010 年
城投控股	600649	7.20	165.46	0.37	21.20	1.50
南海发展	600323	10.86	35.32	2.06	6.60	2.41
首创股份	600008	5.33	117.26	0.219	30.00	2.83
洪城水业	600461	10.43	34.42	0.424	27.17	1.65
创业环保	600874	5.98	85.36	0.19	35.58	2.79
钱江水利	600283	15.23	43.45	0.41	33.00	3.46
武汉控股	600168	8.20	36.17	0.25	35.48	2.44
重庆水务	601158	7.33	351.84	0.05	161.00	3.76
国中水务	600187	15.70	67.00	0.13	95.70	12.82
江南水务	601199	15.19	35.50	0.43	35.18	5.58
锦龙股份	000712	13.71	41.76	0.51	34.22	6.21
中山公用	000685	15.94	95.48	1.11	15.55	2.16
巴安水务	300262	29.89	19.90	0.67	41.26	10.31
兴蓉投资	000598	9.42	108.67	0.53	19.36	2.88
平均	—	12.17	88.40	0.53	42.24	4.34

说明:公司相对估值是按 2011 年 8 月 31 日的价值估算。

表 3-5　国际水务上市公司相对估值

公司名称	币种	股价	市盈率(PE)		市净率(PB)	
			2008 年	2009 年	2010 年	
Veolia Environnement	FR	18.79	38.43	15.45	14.71	1.41
Suez Environnement	FR	13.30	11.06	17.28	15.39	2.15
Severn Trent PLC	GB	1223.00	15.89	15.49	13.3	3.01
AQUA America Inc	US	17.68	28.21	26.01	20.31	2.16
Aguas Andinas SA—A	CL	225.00	9.70	12.31	12.36	2.24
America water works Co inc	US	20.60	17.85	18.89	14.75	0.95
America states water Co	US	33.14	21.56	22.77	16.76	1.77
China Water Affairs Group	HK	2.49	41.01	26.81	14.46	1.36
平均		194.25	22.96	19.38	15.25	1.88

我们的测算表明，千岛湖股份上市并与杭州水务集团重组后，其每股收益有条件保持在 0.6 元的水平。以此推算，其市值应在 300 亿元左右。这一市值水平和效益水平，完全有条件通过 3—4 次增发、配股，筹措 100 亿元左右乃至更多的资金(见表 3-6)。以此资金投资和控股配水工程公司，足以完成配水工程。而且，增发、配股后千岛湖股份的市盈率变化不大，不影响企业的可持续发展。

表 3-6　千岛湖股份公司模拟表

年份	项目								
	总股本(亿股)	国资占比(%)	股价(元)	市值(亿元)	每股收益(元)	市盈率(倍)	融资规模(亿元)	发行价	市价
2013	10	60	—	—	—	0.2	—	—	—
2014	10	60	—	—	—	0.4	—	—	—
2015	10	60	—	—	—	0.6	—	—	—
2016	13	46	18	20	273	0.6	33	54	—
2017	16	56	15	19	304	0.62	30	—	—
2018	19	47	14	16	304	0.52	30	42	—
2019	22	41	14	15	330	0.50	30	42	—

(四)利弊分析

通过资本市场筹措配水工程资金,可以大大缓解财政压力,降低融资成本。根据我们的测算,如果配水工程全部用在股市筹集的资金来建设,配水成本可从1.20元/立方米降至0.80元/立方米。存在的问题主要有两个:一是工程启动要延迟5—6年,即要从资本市场筹得资金后才能开始启动工程。但这也有利于我们更加深入仔细地研究和思考配水工程的必要性、可行性,并进一步优化工程方案。二是对杭州水务的营利能力和成长性要求比较高。作为上市公司,其净资产收益率要达到一定的水平,前几年的销售额与效益特别是业绩的年均增长率要稳定在30%左右。这意味着杭州水务每年的税后利润要在8亿元左右。如果杭州水务在高端饮用水市场不能取得持续的发展和盈利,反过来会增大提升水价的压力。

第三部分　投融资方案的意见和建议

千岛湖配水工程投资巨大，其实施的必要性在很大程度上取决于其经济技术的可行性，其中的核心问题是水质、水价及政府财政负担三者之间的关系。百姓的要求是优质低价，政府的希望是水质优良、价格适宜、财政负担不大。而从投资者的角度看，自然是优质、高价、合理回报。因此，合理的价格定位，适度的财政负担，是这一工程能否实施的关键。

事实上，水价基本合理、财政负担不大、投资回报适度，也是我们研究和确定投融资方案的前提。上述3个方案，我们更倾向于方案三。最重要的理由是，方案三提供了让各界全面深入探讨“必要性、合理性、可行性”的足够时间，也为逐步理顺水务运行管理体制、改革水价形成机制、建立水务发展基金、研究探索改善水质的其他方案提供了回旋余地。同时，其又是一个可独立运行、有良好经济效益的小规模配水工程方案。也就是说，小规模配水工程既可以为千岛湖配水工程筹集资金，也可以独立运行；即使未来由于各种原因千岛湖配水工程被搁置，以高端饮用水为目的的小规模配水工程也有令人满意的经济效益和社会效益。为此，我们提出以下4点建议。

一、尽快启动千岛湖配水工程

方案三中包含的1000万—2000万吨配水工程应尽快启动。经上述测算表明，小规模配水比大规模配水可能更经济。根据杭州水务集团提供的数据，2010年杭州市区总用水量为3.7亿吨，其中居民饮用水占比不到2%，约500万吨。我们认为，如果用大量优质纯净的千岛湖水完全替代自来水供应，以至全面覆盖工业、商业用水，洗衣、洗澡、冲厕用水，显然既不经济环保，也有违水资源高效集约使用和“节约型社会”建设的初衷和精神。从资源有效配置和平等自愿的市场经济规律出发，我们认为，优质饮用水的供应和使用完全可以市场化。在纯净水、矿泉水市场竞争格局中，千岛湖水无疑具有"优质、低价"两大制胜法宝。与纯净水这种"干净的死水"相比，千岛湖水富含人体所必需的微量元素和矿物质，而且其比例与人体构成基本相同，容易被人体吸收，有益身心健康。纯净水最大的问题是在过滤掉有害物质的同时，也过滤了营养元素，而且价格至少每吨600元。矿泉水确实是活水、好水，但高高在上的价格(每吨水不低于1200元)和铁定的高昂成本注定其与净水器一样难以摆脱市场狭小的命运。因此，可以预见，当配了千岛湖水后，相关部门针对不同消费对象采取不同销售策略，譬如老小区建水屋，新小区分质供水，外地通过桶、瓶装水运输等方式挺进市场时，凭借"天堂水"概念和每吨400元左右的价格，必然迅速占领市场。我们测算后得到如下结论：整个长三角的高端饮用水市场容量约100亿元，年均增长超过10%；而1000万—2000万吨配水工程的总投资约在3亿元，投资效益是可以保证的。同时，上述的小规模配水可为大规模配水积累经验，提供示范，又在多元化经营模式上进行了可贵的探索和有益尝试，实乃有百益而无一害之举。即便大规模配水工程完工后，小管道作为备用管道或继续独立运行依然有存在的价值和必要。

二、加快水务管理体制改革

向居民和企事业单位提供符合标准的生活用水和生产用水是政府的职责。从这个意义上说，水务提供的是公共产品。但是，由于水务在配水、制水、供水、排水等方面具有独特的技术特性和结构特性，水务又呈现出很强的自然垄断行业特性。这两大特性决定了水务在许多国家、许多城市以国有经济、公有经济的形态存在，这样难免会存在运行成本比较高、经济效益比较差、财政负担比较大等问题。一些财政相对困难的地方，市场化改革的结果通常是水价的大幅度提高，这又背离了公共产品的基本特性。

就杭州市而言，为了筹集配水工程的资金，重组水务集团、做好被上市公司吸收合并的前期工作是必需的。由于上市公司必须有良好的经济效益和成长性，而且这种良好的经济效益和成长性又不能以不断提高水价为前提，因此水务运行和管理体制方面的改革势在必行。在改革中，既要实现产权清晰、运行规范、效益良好，又要确保政府有足够的监管水质、控制水价的政策空间。两者在某种程度上有一定的背离，本质是公益性与营利性的矛盾。解决这一矛盾的基本方法是按照上市公司的财务要求来重组水务公司的相关资产和业务。

从上市公司的财务要求看，在运行成本、水价基本确定的情况下，要满足净资产收益率比较高的要求，必须剥离部分资产。一般而言，水务产业包括配水、制水、供水、排水(包括污水处理)等环节。其中，资产比较大、效益难以显现的是给排水管网。因此，我们的建议是从以下几个方面着手来重组杭州水务集团。

第一，把管网从水务集团中剥离出去，设立独立运行、收费适当、政府补贴的管网公司，专司管网建设和维护。

第二，整合制水、供水、污水处理等业务，改组设立新的水务公司，使其成为产权清晰、权责明确、管理科学、自主经营、自负盈亏、自我约束、自我发展的法人主体和市场竞争主体。

第三，待千岛湖股份上市后，重组后的杭州水务集团即采取吸收合并的方式进入上市公司，通过国有资产划拨，反客为主，改名为杭州水务，再继续筹集资金投入配水工程。待配水工程建成后，视情况确定是否要收购管网公司，逐步成为配水、制水、供水、排水一体化的水务企业。

三、确立科学的水价形成机制

水价是制约水务行业发展的核心问题，因此需要确立公平、合理、科学的水价形成机制。由于多种原因，不少地方水务企业长期成本倒挂，企业亏损，政府财政补贴负担过重。近几年，国家加大了对水价改革的力度，《水利工程供水价格管理办法》和《关于推进水价改革促进节约用水保护水资源的通知》相继出台，国内大部分城市也在积极完善水价形成机制，合理调整城市供水价格和水利工程供水价格，并加大对污水处理费的征收力度。

水价改革表面上看是价格高低问题，但核心是科学合理的价格形成机制问题。这里有几个因素非常重要：一是在高效运行的条件下合理确定制水企业成本，二是确定合理的利润水平，三是利用价格杠杆形成节约用水的机制。

就生产成本与水价的关系而言，目前国际通行的水价调整公式一般包含原水、动力电、人员工资、化学药剂、物价指数等调价因子。具体如下：

$$Pn = P0 \times [C1 \times (Wn/W0) + C2 \times (En/E0) + C3 \times (Ln/L0) + C4 \times (Chn/Ch0) + C5 \times (CPIn/CPI0) + C6]$$

式中：

Pn，$P0$ 表示第 n 年和基年的水价；

Wn，$W0$ 表示第 n 年和基年的原水水价（适用于供水项目）；

En，$E0$ 表示第 n 年和基年的动力电价；

Ln，$L0$ 表示第 n 年和基年统计局公布的在岗职工年平均工资或类似指标；

Chn，$Ch0$ 表示第 n 年和基年的水处理用化学药剂出厂价格或类似指标；

$CPIn$，$CPI0$ 表示第 n 年和基年统计局公布的物价指数；

$C1$—$C6$ 表示分别为达到正常运行年份的单位原水成本、电力成本、人工成本、化学药剂成本和维检费管理费等固定费用占单位水价的比例。

杭州市水价在全国同等城市中几乎垫底（见表 3-7）。在财政相对宽裕的条件下，政府坚持把社会效益放在首位本无可非议。但也要看到偏低的水价对充分利用价格杠杆调节需求和推进供水基础设施建设的局限性。从上述方案一的描述中我们可以知道，如果没有财政补贴，实施配水工程后，水价必须上调 75%，即调整到 3.25 元/立方米才能基本保证投资者的利益，但这里是以 1.85 元/立方米的水价为基础计算的。如果考虑制水、供水的实际成本，杭州市的水价应在 2 元/立方米左右。相应地，实施配水工程后的价格应在 3.6 元/立方米左右。因此，我们建议，杭州市要利用千岛湖配水的时机，对涉水行业的产品和服务的价格进行调整。相关部门在进行价格调整时，要综合考虑企业制水成本、居民承受能力和物价指数，建立合理的城市供水水价形成机制和水价调整机制，使水价既能体现品质生活的要求，又能促进节约用水。其核心是，在保证居民享有高质水的同时，兼顾投资者的合理回报。针对此，我们的具体建议是以家庭为单位，确定年基本用水量。如家庭用水在基本用水量内，予以比较低的价格，如3元/立方米；在基本用水量外，予以一定幅度的加价，如5元/立方米。同时，对于企业（包括工业和服务业）的用水，予以比较高的价格，如6元/立方米。

表3-7　我国36个重点城市的水价

（单元：元）

城市	居民水价			工业水价		
	自来水	污水处理	合计	自来水	污水处理	合计
天津	3.80	0.82	4.62	6.30	1.20	7.50
北京	2.96	1.04	4.00	4.44	1.77	6.21
重庆	2.70	1.00	3.70	3.25	1.30	4.55
济南	2.60	0.90	3.50	2.90	1.10	4.00
昆明	2.45	1.00	3.45	4.35	1.25	5.60
石家庄	2.50	0.80	3.30	3.00	1.00	4.00
哈尔滨	2.40	0.80	3.20	4.30	1.10	5.40
呼和浩特	2.35	0.65	3.00	3.50	0.95	4.45
长春	2.50	0.40	2.90	4.60	0.80	5.40
太原	2.40	0.50	2.90	2.70	0.80	3.50
西安	2.25	0.65	2.90	2.55	0.90	3.45
南京	1.50	1.30	2.80	1.85	1.55	3.40
贵阳	2.00	0.70	2.70	2.50	0.80	3.30
成都	1.70	0.80	2.50	2.90	1.40	4.30
海口	1.60	0.80	2.40	2.50	1.10	3.60
沈阳	1.80	0.60	2.40	2.50	1.00	3.50
银川	1.60	0.70	2.30	2.28	1.00	3.28
南宁	1.48	0.80	2.28	2.23	0.80	3.03
兰州	1.75	0.50	2.25	2.53	0.80	3.33
郑州	1.60	0.65	2.25	2.00	0.80	2.80
广州	1.32	0.90	2.22	1.83	1.40	3.23

续　表

城市	居民水价			工业水价		
	自来水	污水处理	合计	自来水	污水处理	合计
上海	1.03	1.08	2.11	2.00	1.70	3.70
乌鲁木齐	1.36	0.70	2.06	1.48	0.70	2.18
福州	1.20	0.85	2.05	1.35	1.10	2.45
南昌	1.18	0.80	1.98	1.45	0.80	2.25
武汉	1.10	0.80	1.90	1.65	0.80	2.45
长沙	1.21	0.65	1.86	1.38	0.80	2.18
杭州	1.35	0.50	1.85	1.75	1.80	3.55
西宁	1.30	0.52	1.82	1.38	0.63	2.01
合肥	1.29	0.51	1.80	1.41	0.59	2.00
拉萨	0.60	—	0.60	1.40	—	1.40

说明:此城市水价为2010年7月的价格。

四、设立水务产业投资基金

需要加快设立杭州市水务产业投资基金。产业投资基金是20世纪80年代以来在国际上发展最迅速的金融投资工具,是勾连、融通基础设施投资与社会闲散资本的最佳选择,在许多发达国家已经成为与银行、保险并列的三大金融支柱产业。水务产业投资基金属于基础设施投资基金的范畴,是解决长期困扰我国水务行业的投融资困境的有效办法之一。它具有4个基本特征和优势:一是定向股权投资,专门投资水务行业,从而减轻政府财政负担和压力;二是专业化管理,为被投资企业提供专业的管理和技术支持,以提高企业的运行效率和经济效益;三是总体收益平稳增长,注重长期稳定回报;四是资金规模优势,其资金主要通过定向募集的方式获得,募集对象主要是以银行、社保、保险等追求长期稳定回报的大型机构投资者为主。为此,我们建议杭州市设立具有50亿元规模的水务产业投资基金。

附件 1：重庆水务集团股份有限公司分析报告

重庆水务集团股份有限公司（证券代码 601158）的前身为重庆市水务控股（集团）有限公司，是重庆市人民政府出资组建的国有独资公司，成立于 2001 年 1 月 11 日。2007 年 6 月，重庆市人民政府将水务控股（集团）有限公司所属的重庆市自来水公司、重庆市排水有限公司、重庆公用事业工程建设承包公司、重庆公用事业投资开发公司等国有企业重组为国有独资的重庆水务集团股份有限公司。公司主营业务包括自来水销售和污水处理服务，经营范围包括从水源取水、自来水净化到输水管网输送的完整的供水业务产业链；同时，对从城市污水管网所收集到的生活污水、工商业污水、雨水及其他污水进行无害化处理，并将符合国家环保标准的污水排入河流。除此之外，公司的经营范围还涉及市政公用工程、机电安装工程、房屋建筑工程、原料销售、管道安装、水表安装等相关业务。

一、公司上市情况

重庆水务集团股份有限公司于 2010 年 3 月 29 日在上交所上市，回顾分析其上市过程，我们发现，重庆市政府及该公司在上市前共做了三手准备。

第一，重庆水务集团股份有限公司打造了供排水一体化的完整产业链。在 2001 年，重庆市政府将重庆市自来水公司、重庆市排水有限公司等国有企业成功整合为重庆水务控股（集团）有限公司，建立了从原水、供水、排水到污水处理的完整水务产业链。供排水一体化整合后，重庆水务快速发展，2006—2008 年，该公司主营业务收入复合增长率高达 40%。

第二，在 2007 年 6 月，重庆市政府将重庆水务控股（集团）有限公司更变为国有控股有限责任公司，两名股东分别是重庆市水务资产经营有限公司

(持股比例为85%)和重庆苏渝实业发展有限公司(持股比例为15%)。经审计后,净资产账面值折成股本为43亿股,整体变更为重庆水务集团股份有限公司。

第三,重庆市政府予以重庆水务集团股份有限公司强力的政策支持。重庆水务变更为股份公司后,重庆市政府即对其授予为期30年的供排水特许经营权,并支持其调高供水价格和污水服务结算价格。据查,重庆市政府于2010年1月将居民用水价格从每吨2.10元调整为2.70元(提价的0.60元中,市民支付0.40元,政府补贴0.20元),将企业用水价格从每吨2.65元调整为3.25元;将居民污水处理费由主城区每吨0.70元、区县每吨0.50元统一调整为1.00元,将企业污水处理费由每吨1.00元调整为每吨1.30元(见表3-8)。

2010年3月11日,重庆水务集团股份有限公司完成了首次公开发行A股的初步询价工作。3月29号,重庆水务集团股份有限公司首次公开发行新股5亿股,发行价为6.98元,实际筹集资金约34亿元(见表3-9),总股本由43亿股增加到48亿股,具体变化参见表3-10。

表3-8　重庆自来水价格构成(2009—2010年)

(单位:元/立方米)

项目名称	自来水价(2009年)	自来水价(2010年)	代收污水处理费(2009年)	代收污水处理费(2010年)	自来水终端价格(2009年)	自来水终端价格(2010年)
居民生活用水	2.10	2.70	0.70	1.00	2.80	3.50
工业用水	2.65	3.25	1.00	1.30	2.35	4.55
建筑业用水	2.65	3.25	1.00	1.30	2.70	4.55
商业服务及其他用水	2.65	3.25	1.00	1.30	3.10	4.55

表3-9　重庆水务集团股份有限公司上市情况

网上发行日期	2010-03-16	上市日期	2010-03-29
发行量(万股)	50 000.00	每股发行价(元)	6.980
发行总市值(万元)	349 000.00	上市首日开盘价(元)	10.99

续　表

募集资金净额(万元)	340 205.54	上市首日收盘价(元)	12.10
发行费用(万元)	8794.46	每股摊薄市盈率(%)	34.90
发行方式	网下向询价对象配售和网上定价发行相结合		
主承销商	中国银河证券股份有限公司		
上市推荐人	中国银河证券股份有限公司		

表 3-10　公司股本结构变化(2008—2011 年)

单位(万股)	2011-06-30	2010-12-31	2009-12-31	2008-12-31
总股本	480 000.00	480 000.00	430 000.00	430 000.00
有限售条件股份	430 000.00	430 000.00	430 000.00	430 000.00
国有法人股	360 500.00	360 500.00	365 500.00	365 500.00
其他内资持股	69 500.00	69 500.00	64 500.00	64 500.00
无限售条件股份	50 000.00	50 000.00	—	—
流通 A 股	50 000.00	50 000.00	—	—
实际流通 A 股	50 000.00	50 000.00	—	—

截至 2011 年 6 月 30 日，公司股东总数为 91 501 户，户均流通股为 5464 股。重庆市水务资产经营有限公司持股 75%，为控股股东。前十大股东情况见表 3-11。

表 3-11　公司前十大股东情况

股东名称	持股数(万)	占股本比(%)	股份性质	增减情况
重庆市水务资产经营有限公司	360500.00	75.10	限售 A 股	未变
重庆苏渝实业发展有限公司	64500.00	13.44	限售 A 股	未变
全国社会保障基金理事会转持三户	5000.00	1.04	限售 A 股	未变
中国建设银行股份有限公司－长盛同庆可分离交易股票证券投资基金	2000.59	0.42	无限售 A 股	新进
中国太平洋人寿保险股份有限公司－分红－个人分红	1791.56	0.37	无限售 A 股	新进
中国太平洋人寿保险股份有限公司－传统－普通保险产品	807.13	0.17	无限售 A 股	新进
中国银行－嘉实沪深 300 指数证券投资基金	505.73	0.11	无限售 A 股	－44.58

续 表

股东名称	持股数(万)	占股本比(%)	股份性质	增减情况
中国工商银行股份有限公司－华夏沪深300指数证券投资基金	356.00	0.07	无限售A股	－4.00
招商证券股份有限公司	300.24	0.06	无限售A股	新进
中国建设银行－华夏红利混合型开放式证券投资基金	300.00	0.06	无限售A股	未变

二、公司上市后经营情况

根据重庆水务集团股份有限公司公开披露的信息，公司上市后募集的34亿元资金，约1/3用于补充公司流动资金，约2/3用于公司新项目投资。

从公司已投资的项目看，公司募集的资金主要用于公司在重庆市供排水特许经营范围内续建或新建自来水厂和污水处理厂。据当时公司估计，募投项目正式投产后，将为公司新增自来水设计产能39.50万立方米/日，新增自来水配送设计能5万立方米/日，新增污水处理能24.50万立方米/日，能大幅度提高公司主营业务规模和扩大服务区域。2011年时，预计到2012年，公司供水规模将达到183.4万立方米/日，污水处理规模将达到193万立方米/日，增量主要来源于募投项目发挥作用及产能利用率的提高。同时，估计2011—2014年，公司供水产能将增加100%。公司募集资金的投资情况详见表3-12。

表3-12 公司募投项目基本情况

项目	募集投资规模(万元)	预计产能(万吨/日)	投产情况
一、山峡库区及影响区污水处理项目	89 542	106.5	已投产
重庆市主城排水一期项目	62 116	90	已投产
重庆市主城排水二期项目	8364	—	已投产
大渡口城市污水处理项目	2575	5	已投产

续　表

项　目	募集投资规模(万元)	预计产能(万吨/日)	投产情况
李家沱城市污水处理项目	3109	4	已投产
万盛城市污水处理项目	1561	2	已投产
梁平城市污水处理项目	2066	2	已投产
中梁山城市污水处理项目	3012	3.5	已投产
井口城市污水处理项目	4187	—	已投产
永川城市污水处理项目	2552	—	已投产
二、重庆市供水项目	114 580	57	
主城区净水一期工程沙坪坝水厂改造工程	16 777	20	已投产
西永微电子工业园区供水工程	4559	3	主体工程已投运
九龙工业园 C 区供水工程	1690	2	主体工程已投运
重庆市万盛城区供水工程	2450	2	厂区工厂完工
重庆市井口水厂一期项目	58378	20	已投产
重庆市白洋滩一期项目	30726	10	已投产
合计	204 122	163.5	

上述项目大多已经投产，这为公司上市后经营业绩的提升奠定了扎实的基础。同时，根据公司上市之后，各项业务快速发展，利润稳定增长，相关指标参见表 3-13。

表 3-13　上市前后营业收入、营业利润对比

项目名称	营业收入(万元)			营业利润(万元)		
	2009 年	2010 年	2011(中)年	2009 年	2010 年	2011(中)年
污水处理	173 031	191 032	97 640	119 230	132 871	66 242
自来水销售	57 495	71 001	36 656	15 352	25 466	13 157
工程施工	19 067	23 510	26 082	2890	3749	4189
其他	5160	19 812	8796	1947	4451	3592
合计	254 753	305 355	169 174	139 419	166 537	87 180

与此同时，公司每股收益由 2009 年的 0.24 元、2010 年的 0.28 元稳步提高到 2011 年上半年的 0.17 元，主要经营指标呈稳定增长态势(见表 3-14)。

表 3-14 公司上市前后主要经营指标对比(2009—2011 年)

指标	日期		
	2011-06-30	2010-12-31	2009-12-31
资产总额(万元)	1 651 680.08	1 641 159.06	1 236 152.87
负债(万元)	565 173.83	541 704.08	520 379.54
净资产(万元)	1 086 506	1 099 455	715 773.3
市值(万元)	3 964 800	3 969 600	
市净率(%)	6.65	3.61	
利润总额(万元)	80 641.24	133 504.79	117 503.58
所得税(万元)	1354.12	4145.09	16 012.63
净利润(万元)	79 271.08	129 096.17	101 413.59
净利润增长率(%)	26.26%	27.29%	37.74%
净资产收益率(%)	7.30	11.76	14.19
资产负债比率(%)	34.21	32.96	42.09
净利润现金含量(%)	108.36	139.47	159.54
净资产增长率(%)	-1.36	53.99	11.55
总资产增长率(%)	0.48	32.96	7.19
每股收益(万元)	0.1700	0.2800	0.2400
每股净资产(万元)	2.2600	2.2900	1.6600
流动比率(%)	3.0426	4.1335	3.3821
速动比率(%)	2.9772	4.0585	3.3149
资产负债比率(%)	34.21	32.96	42.09
净资产增长率(%)	-1.36	53.99	11.55

三、公司发展前景分析

回顾该公司 2010 年的表现,其总体经营情况和产量增长符合预期。预计在公司今后 5 年(以 2011 年开始往后 5 年)的发展中,产量和利润将继续增长。我们通过对该公司内部和外部环境进行综合分析发现,有四大有利因素将给公司带来不错的效益。

第一，重庆水务集团股份有限公司资金实力雄厚，在同行业中名居榜首，手握大量现金并持有优秀投资项目。2010年，公司与江南水务集团股份有限公司、阳晨B股、兴蓉投资、国中水务、城投控股等同行的12家上市公司相比，在总资产、总股本和营业收入等项目上，水平远远高于它们(见表3-15)。截至2010年9月底，公司持有58亿元巨额现金，可进行多种组合投资，有望为公司带来新的增长点。

表3-15　同业对比(2010年)

对比项目	重庆水务集团股份有限公司	同业平均
总股本(亿元)	48	9.22
总资产(亿元)	165	68
营业收入(亿元)	7.63	2.28
净资产收益率(%)	2.87	2.12

此外，重庆水务集团股份有限公司手上还拥有两个收益较高的投资项目，将在今后给公司带来不错的收益。其一，公司在2010年8月向重庆信托投资22亿元，持股比例为22.96%。在重庆市政府的支持下，重庆信托有望上市，预计会给公司带来资本增值。其二，2011年公司持有12.5亿股的重庆市农村商业银行在香港成功上市，给公司带来约5亿元的投资收益。此收益被用于尾水发电、工业废水处理等领域的扩展，给公司带来了新的业绩增长点。

第二，在今后数年内，公司将继续取得政府的鼎力支持。政府对公司的支持可分为两方面：第一方面，重庆水务集团股份有限公司于2010年6月获得税务部门核准，2008—2010年污水处理收入作不征税收入，其所得税在2011年和以后年度应纳企业所得税中抵扣。在此影响下，一季度所得税费用为788万元，同比大幅下降了76.64%，这为公司今后几年的业绩带来一定的增长。另一方面便是公司污水处理费的提升，这为公司的上市打下了良好的基础。2011年10月，重庆市政府再次对污水处理费进行了下调，价格暂定为32.5元/立方米，为期3年。但此价格还是远高于同业水平，所以在以后的3

年内，公司在污水处理项目上继续获利。从国家的政策上来看，在“十二五”期间，重庆水务集团股份有限公司计划在供排水领域投资超过80亿元，实现重庆市排水能力提升100%，供水能力提升60%的目标。作为重庆市的水务龙头，公司是此计划的最佳受益者。同时，随着对三峡库区水治理的追加投资的逐步落实，公司的排供水系统将再次扩充，进而获得更大的收益。2009—2012年扩大产量的预测情况见表3-16。

表3-16　公司税务业务产量预测(2009—2012年)

业务名称	年份			
	2009	2010	2011	2012
供水业务售水量(万吨)	28 981	33 157	37 537	40 165
污水处理量(万吨)	48 848	56 356	59 878	63 400

第三，随着重庆市城市化和工业化的深化，城市水资源的需求量还将会继续飙升。截至2008年，中国城镇人口数量为6.06亿，城镇化比率达到45.68%。按照《人口发展“十一五”和2020年规划》，到2020年前，我国城镇化人口将增加2.04亿，其城镇人口复合增长率为2.3%。城镇人口对水务服务的需求更加多样化。一个国家水务基础设施的发展与国家的经济发展水平有较强的关联性，发达国家城市化率越高，水务基础设施覆盖面越广。因此，在重庆市城市化的进程中，其水价和供水量必然稳步上涨，重庆水务集团股份有限公司也将从中获利。

回顾世界上许多国家的工业化进程，我们不难发现，各国用水结构存在一个明显的特征：发达国家的工业用水比例极高。我国的工业用水集中在火电、纺织、石油化工、造纸、能源等行业上，这些行业必然产生大量的污水，因此，随着重庆市工业化的进程，重庆水务集团股份有限公司还将从工业用水的需求量增长和污水处理上获利。

第四，重庆水务集团股份有限公司在重庆市场上的供排水垄断优势明显，并有望向外省扩张。供排水业务具有垄断性，一般在一个城市只有一家主要营运商。重庆水务集团股份有限公司在重庆市占据主导地位，公司的竞争仅仅来自重庆市水头集团和几个重庆市自备自来水厂。公司在重庆市主城区市场占有率为91%,在重庆市占有率为54%,具有主导优势和垄断地位。按照重庆水务集团股份有限公司的“立足重庆、服务周边、辐射全国”的发展战略,与重庆交接的四川、陕西、湖北、湖南、贵州5个省,特别是四川省,是重点的发展区域。

附件 2：江南水务集团股份有限公司分析报告

一、公司基本情况

江苏江南水务股份有限公司前身是 2003 年组建的江苏省无锡市江阴市自来水总公司，主要从事自来水制售、自来水排水、水质检验、供水工程的设计及技术咨询、水表设计检测、公用基础设施行业投资等业务。

江南水务股份有限公司是江阴市最大的供水平台，公司拥有日供水能力 93 万立方米，DN100 以上供水管网总长 600 多千米，供水人口超过 200 万。

2008 年，江苏省无锡市江阴市自来水总公司基于企业扩展和上市的考虑，进行了业务重组，将给排水公司及与供水相关的业务均纳入江南水务股份有限公司范围，并改名为江南水务集团股份有限公司。2011 年 3 月 17 日，江苏江南水务股份有限公司在上交所上市，A股代码为 601199。公司总股本为 23 380.50 万股，发行 5880 万股，每股发行价格为 18.80 元，募集资金 11.05 亿元，募集资金净额为 102 890.41 万元。

截至 2011 年 9 月 30 日，江南水务集团股份有限公司的资产总额为 209 322.11 万元，负债总额为 50 214.58 万元；主营业务收入为 38 031.06 万元，净利润为 8732.05 万元；每股收益为 0.41 元。

二、公司业务重组及上市情况

江阴市拥有大量的商业基础和发展契机，自 1997 年拥有第一家上市公司以来，江阴市先后有 40 多家公司顺利上市，形成了一个主业突出、业绩优良、增长迅猛、潜力巨大的上市公司群体——“江阴板块”。江南水务集团股份有限公司业务范围基本覆盖整个江阴市，自来水制水和供水业务分别占江阴市场的98%和80%，是该地区绝对的水务龙头。由于用水量尤其是工业用水量主要与地方工业经济发展水平相关，雄厚的工业经济基础为江南水务集团股份有限公司提供了广阔的市场空间和上市的基础。

公司始创于1966年，分别于2003年和2008年进行了两次业务重组。第一次重组时，公司完成了对小湾水厂和肖山水厂的收购，实现了自来水生产一体化，但其销售需通过关联方给排水公司实现。公司于2008年进行了第二次业务重组，公司向同一公司控制权人控股的江阴市城乡给排水有限公司定向发行8500万股，将其与供水相关的业务纳入公司范围，至此，江南水务集团股份有限公司拥有了较为完整的自来水生产供水化体系。同时，这次改造也为公司上市做好了准备，解决了公司长期存在的关联交易及缺乏业务独立性和完整性的问题。

经过两次改造，江南水务集团股份有限公司的控股股东变更为江阴市城乡给排水有限公司，其以8500万股占有公司总股本的48.57%；公司的实际控制人为江阴市公有资产经营公司，直接持有江南水务集团股份有限公司总股本的32.21%。公司上市前后股权关系见图3-2、图3-3。

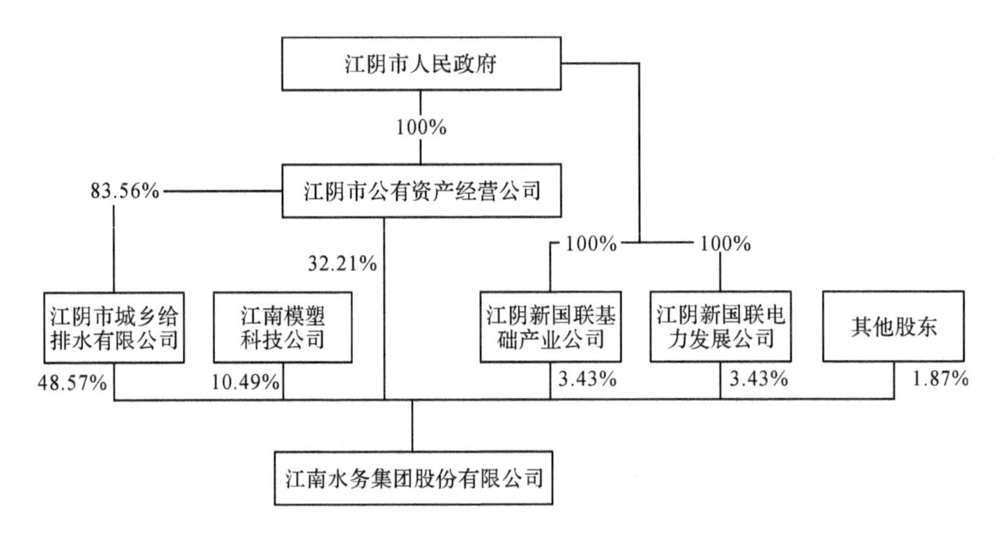

图3-2 江南水务集团股份有限公司IPO前公司股权关系

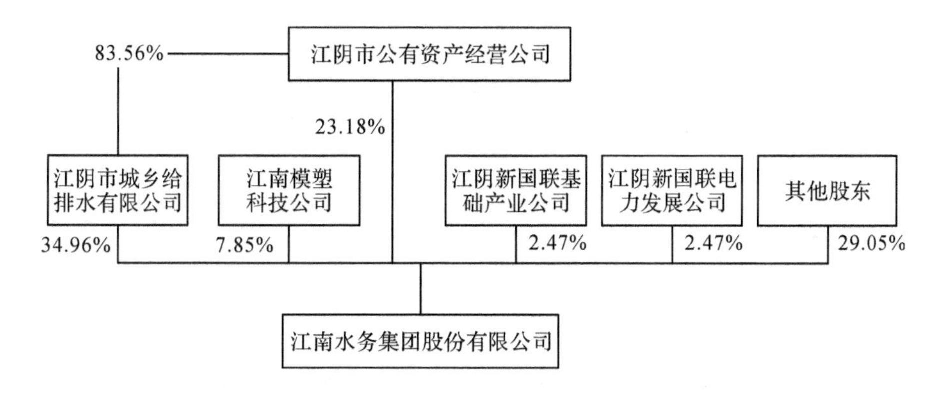

图 3-3　江南水务集团股份有限公司 IPO 后公司股权关系

回顾水务公司成功上市的案例，我们发现水务公司的上市过程颇具有典型性，比如重庆水务集团股份有限公司、兴蓉投资这两家公司都是通过政府扶持支持和提高水价等方式盘活水务资产，再借助资本运作实现上市，进而获得持续发展的资金，最终反哺地方政府。而江南水务集团股份有限公司的上市过程具有特殊性并且较为新颖。

江南水务集团股份有限公司没有盲目模仿重庆水务集团股份有限公司的上市过程，是出于两方面的原因：第一，江南水务集团股份有限公司上市前的自来水业务的毛利率高达 50% 以上，居全国前列，故再大幅提高水价的可能性不大；第二，公司可以依靠城市化率的提高获得自然增速，但难以推动公司收入的大幅增长。因此，江南水务集团股份有限公司选择了以融资、租赁提高业绩增长的模式为上市做准备。2010 年，江南水务集团股份有限公司整合了东方供水公司、云亭供水公司，并先后租赁经营了澄东供水公司、长江供水公司及 12 家乡镇水厂，从而在不占用大量资金的情况下，以租赁的模式实现了公司收入和业绩的大幅增长，达到了上市的条件。一系列运作后，江南水务集团股份有限公司于 2011 年 3 月成功登陆A股市场，股票发行价格为 18. 80 元，首发募集资金净额为 10 亿元。上市详情见表 3-17。

表 3-17　上市参数

网上发行日期	2011-03-09	上市日期	2011-03-17
每股面值	1. 00 元	发行量	5880. 00 万股

续 表

网上发行日期	2011-03-09	上市日期	2011-03-17
募集资金净额（万元）	102 890.41	每股发行价（元）	18.80
上市首日开盘价（元）	21.51	每股摊薄市盈率（%）	58.08
上市推荐人	兴业证券股份有限公司		

三、公司经营情况及公司未来发展

2011年对江南水务集团股份有限公司来说具有里程碑意义。公司上市之后，其业绩大幅增长。2011年上半年，公司实现营业总收入239 910 837.88元，比2011年同期增长28.72%；实现营业利润72 479 736.97元，比2011年同期增长102.47%。对比公司2008—2011年的经营情况（见表3－18）可看出，公司的业绩在2010年突飞猛进，满足了上市的需要，并在2011年保持了继续增长的态势。

表3-18　主要财务指标（2008—2011年）

指标	日期			
	2011-09-30	2010-12-31	2009-12-31	2008-12-31
主营业务收入（万元）	38 031.06	44 906.13	29 277.00	24 126.70
净利润（万元）	8732.05	7587.80	4984.26	4295.16
净资产收益率（%）	5.49	16.00	12.21	11.70
每股收益	0.4100	0.4300	0.2800	0.2500

我们认为，公司在2010年和2011年之所以能保持营业收入和净利润的快速增长，除了受水量增加和水价提高等因素的影响，还有3个原因：第一，2010年公司租赁经营了12家乡镇水厂，实现了直接供水，从而减少了中间环节与增值税。第二，公司于2009年成立的子公司市政工程公司，在2010年开始贡献全年业绩，使工程安装业务业绩大幅增长5266万元。第三，公司募投的项目开始逐步获利，其中乡镇水厂的收购项目及利港水厂的扩建项目让公

司自来水产能增加，智能水务开发项目帮助公司降低了供水的渗漏率，提高了产能利用率。公司募集资金投资项目具体情况如表3-19所示。

表3-19　公司募集资金投资项目

序号	项目	投资金额(万元)	建设期
1	乡镇水厂资产收购项目	17 574.00	—
2	智能水务开发及综合应用项目	7 784.90	3年
3	利港水厂改扩建项目	6996.74	1年

这些项目的实施，将进一步扩大公司的规模，改善公司的财务状况，提高公司的经营成果，同时有利于提高公司的盈利能力及核心竞争能力。本次募集资金的运用将对公司的长远发展产生积极有利的影响，具体表现为以下几个方面。

(一)对资产负债率和资本结构的影响

募集资金到位后，公司的资产负债率水平大幅降低，资产结构进一步优化，并有利于提高公司的间接融资能力，降低财务风险；同时本次股票溢价发行增加了公司资本公积金，使公司资本结构更加稳健，公司的股本扩张能力进一步增强。

(二)对净资产和每股净资产的影响

募集资金到位后，公司净资产及每股净资产随之提高，公司资本实力及抗风险能力进一步增强。

(三)对净资产收益率和盈利水平的影响

募集资金到位后，由于投资项目需要一定的建设期，短期内公司盈利水平将受到一定程度的影响。从中长期来看，本次投资项目均具有较好的投资回报率，项目全部投产之后，公司的盈利能力和竞争力得到大幅提高。

按照公司“做强做大水务主业，打造跨流域水务服务龙头企业；在主业覆盖区域内的市政基础产业领域实现适度多元化”的发展战略和公司的募集资金投向，我们预计江南水务集团股份有限公司今后几年会朝着3个方面发展。

第一，江南水务集团股份有限公司还缺少排水系统，所以打造一个供排水一体化的完整产业链是其的当务之急。

第二，江南水务还将继续扩张自来水供水业务。

第三，公司还将继续提高自己的管理能力和优化生产技术。

综上所述，公司未来的发展较为乐观。

附件3：欧美水务公司简介

一、法国威立雅集团

（一）威立雅集团沿革

法国威立雅集团（Veolia Environnement，简称VE）是一家总部设在巴黎的跨国公司，由法国公共机构管理，主要从事水务和能源业务。2009年，该公司在全球拥有2573家子公司，在77个国家雇用了30多万名员工。其中，法国占32%，其他欧洲国家占35%，亚太地区占10%，北美占9%，非洲、中东、南美洲合计占14%。

2002年12月，当时的全球500强Vivendi Universal因经济危机卖掉了一半的股份，其子公司Vivendi Environnement随后改名为现在的Veolia Environnement。

VE的前身是1853年依据拿破仑三世颁布的法令成立的水务总公司（Compagnie Générale des Eaux，简称CGE），其拥有里昂和巴黎的供水垄断权。一百多年来，CGE一直从事供水业务。1976年上任的总裁Guy Dejouany通过股权收购将业务从供水拓展到其他领域，如废水处理、水运、水权和建筑等，还收购了一个专业交通公司（Compagnie Générale d'Entreprises Automobiles）、一个供暖总公司（Compagnie Générale de Chauffe）和一个能源服务公司（Montenay group）。

1983年，CGE又将业务拓展到传播领域，建立了著名的Canal+频道，这是法国的第一个收费频道。1996年新上任的总裁Jean-Marie Messier接任后，CGE向传播领域的拓展进一步加快，1998年又设立了Cegetel。2000年，Vivendi Universal和Vivendi Environnement被拆分，终结了这一扩张过程。

1998 年，CGE 更名为威文迪（Vivendi），次年出售了建筑和房地产业务部分，并在纽约上市。2000 年，威文迪将余下的水务和废水处理公司并入 Vivendi Environnement，2003 年 Vivencli Environnement 更名为 Veolia Environnement，即威立雅集团。集团下辖业务包括水务、环境服务、能源服务和交通服务。其中的威立雅水务，是目前世界上最大的私人水务运营者。

（二）主要子公司

1. 威立雅水务（Veolia Water）

威立雅水务主营供水和废水处理，主要对象是公共部门和企业；同时进行有关水务技术的业务。2009 年，威立雅水务的营业额为 126.56 亿欧元，雇员为 95 789 人，其在 66 个国家都有经营业务。

2. 威立雅环境服务（Veolia Environnement Services）

威立雅环境服务为世界上第二大废水管理业务公司。除了设备服务外，该公司也处理和转化有毒水和危险水，降低水污染对环境造成的危害和提高水的循环使用率。2009 年，该公司雇员有 85 600 人，2573 个子公司分布于全球 32 个国家，营业额达 100 亿欧元。

3. 威立雅能源（Veolia Energy-Dalkia）

威立雅能源的业务包括供热和供冷设备系统的维护和管理，提供节能方案。2009 年，Dalkia 的营业额为 70 亿欧元，雇员为 52 577 人，业务分布在 42 个国家，主要集中在欧洲国家。

4. 威立雅交通（Veolia Transportation）

威立雅交通在 2009 年的营业额为 59 亿欧元，雇员近 8 万人，业务分布在欧洲、北美和亚洲，主营公共交通业务。

威立雅集团 2002—2010 年的财务状况见表 3-20。

表 3-20　威立雅公司财务状况(2007—2010 年)

项目＼年份	2002	2003	2004	2005	2006	2007	2008	2009	2010
总收入（百万欧元）	30 078	28 603	24 673	25 245	28 620	31 574	35 765	34 551	34 787
经营收入（百万欧元）	1971	1751	1671	7893	2222	2461	1960	2020	2120
净收益（百万欧元）	339	-2054	125	622	759	928	405	584	581
净债务（百万欧元）	13 066	11 804	13 059	13 871	14 674	15 125	16 528	15 128	—
员工数（百万欧元）	271 153	298 498	319 502	336 013	312 590	—	—	—	—

(三)威立雅在中国

威立雅水务在 20 世纪 80 年代初通过其工程子公司 OTV-Kruger 进入中国市场。1997 年，威立雅水务赢得了在华的第一份合同：天津凌庄水厂改扩建项目与 20 年特许经营合同。1998 年，威立雅水务与日本合作伙伴丸红株式会社一道，赢得了经中央政府批准的中国水务领域第一个国际 BOT 合同，即成都水源六厂 B 厂项目。威立雅水务及其工程子公司承担了该厂的设计、建造、运营与维护工作，并被授予 18 年的特许经营权。

2002 年签订的浦东项目则标志着威立雅水务进入了一个更高的发展阶段：参与包括制水、配送和客户服务在内的全面水务服务。这也是中国第一次允许一家非官方的商业运营商全面接管市政水务。此后，随着中国城市对高效率水务服务的需求迅速增多，威立雅水务又相继获得了珠海、北京、青岛、深圳、呼和浩特、昆明、常州、兰州和海口的全面水务服务合同。

天津项目：1997 年，威立雅水务与天津泰达控股组建合资公司，运营和维护污水处理厂，获得天津经济技术开发区污水处理厂 20 年的特许经营合同。

成都项目：成都市自来水厂六厂 B 厂是一个针对饮用水处理的 BOT 项目，经中央政府批准并在中国建造。这个为期 18 年的合同于 1998 年由威立雅水务与其日本合作伙伴丸红株式会社一道签署。该水厂及其配套设备的建造和运营，加之全长达27千米的配套管网的安装，可满足成都266万居民的饮水需求。

上海浦东项目：2002年签署，合同期达50年。这是在国内市场公共民营合作方式的先例，也是国际供水业务的一次重要事件。该项目是第一个允许国外企业提供完整供水服务的项目，包括饮用水生产、管网配送和客户服务。

珠海项目：2002年11月在沿海城市及经济特区的珠海市签署，内容包括运营两座污水处理厂：一座现有处理厂及一座当时正在建造中的处理厂，运营期为30年。这是威立雅水务在中国的第一个污水处理合同。

北京项目：2003年9月，威立雅水务在北京签署为期20年的卢沟桥污水运营和维护合同，为北京西南城区提供服务。这是北京授予外国水行业公司的首个长期外包合同。

青岛项目：2003年11月，威立雅水务联合光大国际有限公司与青岛市排水公司签署了25年特许经营合同，负责青岛两座污水处理厂的为期25年的运营和维护工作。

深圳项目：2003年12月，威立雅水务同深圳水务集团签署了一份有关市政外包服务的重要合同。威立雅水务与本土合作伙伴共同受让深圳水务集团45%的股权。这个为期50年的合同内容包括制水和配送、客户关系管理及污水处理。

呼和浩特项目：2004年10月，威立雅水务同嘉里、呼和浩特春华水发展股份有限公司签署合同，运营呼和浩特地区的饮用水制品。该项目包括通过对10个现有污水处理厂的升级、运营和维护，为呼和浩特地区提供饮用水。

昆明项目：2005年11月，威立雅水务同昆明市签署为期30年的公私运营合同，负责管理云南昆明的供水事宜。威立雅水务负责制水和配送业务，其中有9座日均处理能力达161.5万立方米的污水处理厂和一条全长1500千米公里的管网。

常州项目：2005年10月，威立雅水务与中信泰富有限公司以4.5亿元联合受让常州自来水集团公司49%的国有产权,合资期限及特许经营期限达30年。威立雅水务负责管理公司,包括制造和配送饮用水,其中有5个污水处理厂及一条全长1750千米的管网。

兰州项目:2007年1月,威立雅水务与甘肃兰州供水公司签订合同。威立雅水务将管理4个处理能力达219万立方米的污水处理厂和一条全长640千米的配送管网。

海口项目:2007年6月,威立雅水务与海口市水务集团海口第一水务有限公司签订合同,规定威立雅水务受让海口市水务集团海口第一水务有限公司49%的国有股权。威立雅负责包括海口的饮用水完整管理和污水处理厂的运营工作,其中涉及3个日均处理能力达49万立方米的饮用水厂,一个日均处理能力达20万立方米的自然水质层制水区,以及一条长达1700千米的连接上述3个水厂的配送管网。威立雅水务还将管理一座日均处理能力达30万立方米的污水处理厂,附带8个联系紧密的社区的客户服务中心。

迄今为止,在中国的34个省、自治区、直辖市和特别行政区中,威立雅水务已在其中一半的地区拥有运营的项目。

二、美国Aqua公司

美国Aqua公司的前身是Springfiel水务公司,成立于1886年,是一家为德拉华县Springfiel镇居民提供饮用水的小公司。到1925年,该公司业务已覆盖3个县58个市镇,并改名为费城郊区水务公司(Philadelphia Suburban Water Company),1968年又改名为费城郊区水务集团,并于1971年上市。

20世纪80年代,该集团收购了3个县的水务系统。1985—1998年,该集团又兼并了27个县的水务系统。1996年,该集团在收购Chester县的水务系统后,进军污水处理领域,次年又在Bucks县收购了第二个污水处理系统。同年,该集团开始提供水设施运行和管理服务。1999年完成了有史以来最大的收购项目,使其客户量达到20多万,覆盖60多万居民。

2003 年，该集团收购了 Aqua Source 公司的供水设施，业务扩展至佛罗里达、维吉尼亚、北卡罗莱纳、南卡罗莱纳、印第安纳和密苏里等 13 个州，随后该集团更名为 Aqua America，Inc.。目前，公司为美国 30 多个州及加拿大的两个省份提供饮用水、污水处理及其他供水服务。该公司拥有约 90 个地表水污水处理厂、600 个地下水处理厂、1200 口地下水井、60 个污水处理设施、1300 个净化水存储设施、1300 个抽水站和 100 个水坝。

2010 年，该公司实现 273.6 亿美元的营业额，其中受管制商业业务的营业额为 242.42 亿美元，市场型业务的营业额为 31.18 亿美元。受管制业务主要包含向住宅、商业、工业、公共政府机关提供水资源和污水处理服务。截至 2010 年 12 月 31 日，其在各州的营业额和客户分布如图 3-4、图 3-5 所示。

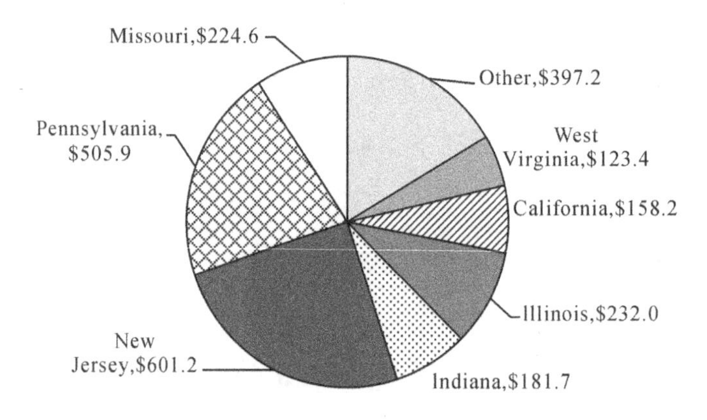

图 3-4　受管制业务营业额

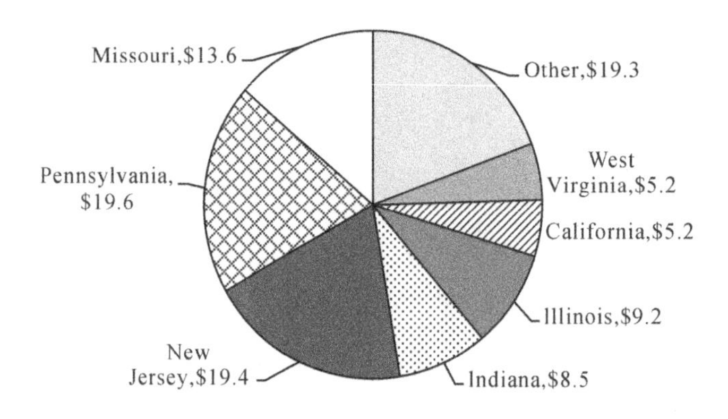

图 3-5　客户分布

三、英国塞文—特伦托公司

英国塞文—特伦托公司(Severn Trent,简称 ST)取名自英国两条著名河流——塞尔文及特伦托河,是英国富时指数百强公司,于 1974 年成立于伯明翰,当时属于国有地区性公用设施公司,主要经营供水管理和污水处理业务,总部在英格兰考文垂。

18 世纪,英国水务公司大多是公私合营,上水供应和下水处理业务分离,责任也分离。19 世纪,英国各地纷纷把水务公司公营化。到 1973 年,27 个公营水务机构覆盖了英格兰、威尔士的 160 个供水设施及至少 1300 个污水处理设施。但由于水务投资严重匮乏,水务领域亏损严重。1973 年《水法》(*Water Act*)的出台,让整个领域进行了大变革。通过各种兼并,当时英格兰和威尔士只剩下了 10 个水务公司,每个公司都同时经营上下水服务并负有保护河流的责任,地方和中央政府在每个公司的董事会中均有董事监督和管理水务。

ST 即是这 10 家公营水务公司之一。20 世纪 80 年代中期,英国政府决定在水务业实行私有化,ST 也随即变成私营企业。作为一家私营企业,ST 投入了大量资金对原有的基础设施和资产进行改造,并通过与政府立法部门的合作,制定了在自己经营区域内的有关公众健康、减少跑冒滴漏、河流清洁及其他水源清洁等的内部标准。1991 年,ST 兼并了 Biffa,成了英国最大的兼营供水、污水处理和垃圾处理的公司。与此同时,ST 通过收购美国的 Capital Controls Company,将其水产品和水服务业扩张到美国。通过这次的跨国收购,ST 在美国和欧洲开始了对水产品和服务的系列开发,业务包括水质分析、上下水处理、方案提供等。

ST 是由英国、美国、欧洲大陆及中东一些地区的企业共同组成的集团公司,员工超过 1.5 万人。其中,最主要的就是 ST 水务和 ST 服务公司,它们主要向英格兰中西部各郡及威尔士中部的 3700 万住户及公司提供高质量的供水和排污服务,由 OFWAT,即水服务监管机构管理。ST 有世界领先的供水及处理废水方案服务，比如杀菌，过滤，除砷及压舱水处理，其地位在欧洲、中东及亚洲日益提高。

2006年，ST在战略上做了一个大的调整，将专事垃圾处理的Biffa剥离上市，并出售了在美国从事环境分析和实验的分公司，使ST成为一家专门从事水务的公司。2010年，ST的营业额为17.21亿英镑，利润为3.38亿英镑。其中，ST水务的营业额为13.85亿英镑，利润为3.10亿英镑。其每天可提供180万吨饮用水，处理270万吨污水，有近6000名雇员，资产包括46 000千米的水管、134家水处理厂、54 000千米的下水道和1021座污水处理厂。ST服务的营业额为3.36亿英镑，利润为2800万英镑。其有22家分支机构，除英国外主要分布在美国和其他欧洲国家，雇员3000多名，主要提供上下水厂管理和维护、水净化和水质分析服务。

◎ 第四篇

“五水共治”的兴起与配水工程的开启

第一部分 “五水共治”的重大战略

一、“五水共治”的时代背景

水是生命之源、文明之脉、生产之要和生态之基。水关系着经济发展，关乎着百姓民生。水看似取之不尽用之不竭，实则承受力有限，危机四伏。

按照2011年公布的第六次人口普查的数据计算，我国人均水资源占有量为2119立方米，仅为世界平均水平的28%，排名全球第109位；我国多年平均年降水量约为6万亿立方米，其中约有2.8万亿立方米形成了地表水和地下水；全国年均缺水量达500多亿立方米，近2/3的城市存在不同程度的缺水问题，工程性、资源性、水质性缺水问题长期并存，而且水资源时空分布不均，水旱灾害年均影响上千万人口，可见水资源约束已成为可持续发展的主要瓶颈。

改革开放以来，中国保持了全球最快的经济增长速度，但这种增长，是以自然资源的大量投入为前提、资源的过度消耗为代价的。《2013年中国水资源公报》中的数据显示，2013年，我国东、中、西部地区单位GDP用水量分别为63立方米、129立方米、158立方米，是世界平均水平的4倍；换言之，1立方米水产生的GDP，中国为10美元，美国大约是30美元，英国大约是90美元。另外，我国水资源的有效利用率和节水技术水平仍然较低，总体缺水形势还未得到缓解，水资源质量恶化趋势仍未得到控制。尤其是发达国家200多年工业化过程中出现的水资源与水环境问题，现阶段在我国集中显现出来。

素有“江南水乡”美誉的浙江省，在经历30多年的快速发展和农村工业化后，水资源问题日益凸显，如杭州市便饱受着“工程性缺水”(局部资源性和水质性缺水)的困扰，嘉兴市也陷入“水质性缺水”的窘境。2013年初，针对浙江省多地环保局长被“邀请”下河游泳事件，浙江省以“重整山河”的雄心和壮士断腕的决心，打响铁腕治水攻坚战，重点抓浦阳江水环境综合治理，推动全省清理河道和清洁农村行动，通过建立“河长制”等河道保洁长效管理机制，以治水为突破口打好经济转型升级“组合拳”，已取得初步成效。10 月上旬，“菲特”强台风正面袭击浙江省，引发余姚等地严重的洪涝灾害。浙江省在全力做好防汛救灾工作的同时，更加深刻地认识到必须治污水、防洪水、排涝水、保饮水、抓节水“五水共治”，才能从根本上解决水的问题。政府要通过治水，进一步治出转型升级的新成效，治出面向未来的新优势，治出浙江省发展的好局面，治出浙江自信、自觉、自强的精气神，以抓治水促转型的实际成效取信于民。

二、“五水共治”的战略蓝图[①]

浙江省委十三届四次全会提出，“五水共治”分 3 年、5 年、7 年 3 步。其中，2014—2016 年要解决突出问题，明显见效；2014—2018 年要基本解决问题，全面改观；2014—2020 年要基本不出问题，实现质变。

（一）抓蓝图建设，统筹“五水共治”规划

“五水共治”需要回答什么可以做、什么不可以做、哪里可以做、哪里不可以做等一系列问题。因此，需要明确水生态建设规划、水环境治理规划、水资源配置规划、洪涝防治规划等，以及与此直接或间接相关的主体功能区规划、国土空间规划、环境保护规划、生态文明建设规划等。政府进行“五水共治”规划时既要注意规划自身的相对独立性和整体性，又要注意处理好与其他相关规划的衔接和呼应。

① 沈满洪：《“五水共治”的战略意义现实路径》，《浙江日报》，2014 年 2 月 10 日。

（二）抓工程建设，强化“五水共治”项目

落实“五水共治”规划，需要建设一大批项目，项目建设是“五水共治”的重点内容，例如河道整治工程、污染减排工程、防洪大堤工程、城市排涝工程、饮用水配水工程、城乡节水工程等项目。“五水共治”工程是民心工程，做好了，得民心；做不好，失民心。因此，针对这些工程，相关方既要做好事先评估和论证，又要做好事中评估和论证，还要做好事后评估和论证。而且，评估和论证的主体既要有政府参与，又要有专家参与，还要有公众参与，以实现政府评估、专家评估和公众评估的和谐统一。

（三）抓技术建设，突破“五水共治”关键

“五水共治”必须符合自然发展规律、经济发展规律和社会发展规律，合规律性是关键。“五水共治”的技术建设方面需要特别重视 3 点：第一，重视“五水共治”工程技术的突破，学习都江堰技术创新的经验，强化工程技术的前沿性，使工程项目多年不落伍。第二，重视对“五水共治”监测技术的突破，相关方进行水文监测、水质监测、水量检测时都要提高科学性，要重视对不同监测体系的整合，重视监测信息的及时发布、传输和运用。第三，重视对“五水共治”统计技术的突破，既要加强水利部门、环保部门、建设部门、经济部门等不同部门之间涉水统计的合作，又要解决部门内部涉水统计的多口径整合和权威性发布问题，避免多口径统计和统计数据无法对接的现象。

（四）抓制度建设，优化“五水共治”规则

“五水共治”需要常抓不懈，持之以恒地推进“五水共治”必须依靠制度。第一，加强管制性制度建设，实施最严格的水资源、水环境、水安全管理制度。要坚持以水定产原则，保障生态用水；要坚持功能导向原则，保障水体环境；要坚持安全第一原则，保障涉水安全。第二，加强经济性制度建设，让市场机制在水资源、水环境配置中发挥决定性作用。要加快水权界定进程，实施水权交易制度；加快水污染权界定进程，实施水污染权交易制度；加快生态产权

界定进程，实施水源保护补偿制度。第三，加强社会性制度建设，广泛发动用水户参与到"五水共治"的工作中，既参与建设，又参与监督，实现政府、企业、居民之间的相互监督和相互制衡。

（五）抓组织建设，明确"五水共治"主体

"五水共治"总体上属于公共物品，因此，政府要承担引领作用。在治理过程中，要建立领导体系，健全组织机构，明确部门职责，在可能的情况下要责任到人，例如浙江省推行的"河长制"。"五水共治"要实现监管功能与建设功能的分离，因此，企业要按照规范和程序积极参与公共工程建设。而作为被服务主体的公众，一方面要承担涉水俱乐部物品的供给；另一方面可以参与涉水公共物品的生产。

三、"五水共治"的重大意义[①]

（一）政治意义

从政治的高度看，治水就是抓深化改革惠民生。习总书记曾明确指示，改革要从时间表倒排最急迫事项改起，从老百姓最期盼的领域改起，从制约经济社会发展最突出的问题改起，从社会各界能够达成共识的环节改起。水是生命之源，对水资源、水环境、水安全等的需求是人民最基本的需求。水是一个区域的血脉和灵气所在，也是一个良好生态环境乃至生存环境的基础，更是一项政府所必须提供好的基本公共产品。治水就是抓民生，古有大禹治水，今看"五水共治"。

（二）生态意义

从生态的尺度看，水是生态之要，无论是山林、湿地，还是水田、江湖，最

① 沈满洪：《"五水共治"的战略意义现实路径》，《浙江日报》，2014 年 2 月 10 日。

基本的要素都是水。“江南水乡没水喝”，根子就在过于依赖消耗资源环境的粗放型增长模式，面对青山依旧、绿水不再的尴尬，“五水共治”就是要变污水为清水，恢复水生态；就是要化害为利，保障水安全；就是要保护源头活水，让百姓喝上生态水；就是要变浪费用水为节约用水，保障生态用水。树立“既要金山银山，又要绿水青山”“绿水青山就是金山银山”的科学观念，围绕治水目标，把水质指标作为硬约束倒逼转型，以短期阵痛换来长远的绿色发展、持续发展。

（三）经济意义

从经济的角度看，治水就是抓有效投资促转型。水污染严重、水资源利用效率低下、水环境质量低劣，归根结底是经济发展方式的落后。“五水共治”必然要求我们着力推进绿色发展、循环发展、低碳发展，以保障源头活水源源不断。治水的投资，就是有效的投资；治水的过程，就是转型的过程。在“五水共治”的过程中，政府需要启动治污工程、防洪工程、排涝工程、供水工程和节水工程等一系列公共工程。在民间投资意愿下降、优质外资难引、政府投资受限的经济新常态下，上述的一大批优质项目，对于保持经济平稳增长具有现实意义。

（四）文化意义

从文化的深度看，水是文明之源、文化之源。水文化直接触及人们的灵魂，影响着人们的思想意识、道德情操、精神意志和智慧能力。“上善若水”，水代表着“道”；“山清水秀”，水寓意着“柔”；“水可载舟，亦可覆舟”，水泛指着“民”。水的文化极其深厚，水文化的价值在于它让人们懂得热爱水、珍惜水、节约水。生态型国家、节约型社会的建设，迫切需要大家切实从增强全社会的亲水、爱水、保水意识抓起，迫切需要倡导敬畏洪水、保护水源、节约用水等水文化，让水文化浸润人们的心田，并转化为人们的自觉行动。

（五）社会意义

从社会的维度看，水资源、水环境、水安全都是最基本的民生。古往今来，治水从来都是事关江山社稷、国泰民安的大事、要紧事；现今，国际的“为水而战”已经成为事实；区域间的“为水而争”已经屡见不鲜。如果基本民生不保，社会稳定就无从谈起。水的流动性，决定了水牵连着上下游、左右岸、前后代等诸多关系。随着生活水平的提高，人们对优质的水资源、水环境的需求与日俱增，这对政府提供的产品、政府综合的治理能力提出了更高的要求，政府只有实现“五水共治”，才能满足人民要求，才能实现社会和谐。

第二部分 治水兴城的杭州实践

一、“五水共治”的杭州理念

一座城市有水，就有灵性与活力。水是生命之源，也是城市的命脉，杭州市便是一座因水而生、因水而兴、因水而荣的城市，山水相依、人水相亲造就了杭州市的繁荣富饶。但杭州市“七山一水二分田”的格局，使环境容纳能力非常有限。随着杭州市工业化、城镇化的快速推进，城市水生态系统遭到不同程度的破坏，水质异常、河湖污染等水事事件频繁发生，水环境承载能力下降，暴雨内涝现象十分突出。这些不仅严重影响到市民的生产生活，而且严重破坏了生态系统的协调性，对杭州市的可持续发展带来严重威胁。

21 世纪以来，杭州市通过实施西湖综合保护、西溪湿地综合保护、运河综合保护、河道有机更新、钱塘江水系生态保护等五大系统工程，开展水源保护、截污纳管、河道清淤、引配水、生物防治等工作，疏通城市脉络，改善城市水质，保护和优化城市的自然生态和人文生态系统，有效解决现代城市不断扩张与自然生态日益萎缩的城市发展矛盾。但随着城市化的不断推进与经济的飞速发展，环境压力与日俱增，城市人民的饮用水安全依然存在着较大的隐患，有的区域甚至陷入水乡无合格饮用水源的尴尬。

原杭州市委书记龚正强调，好山好水是杭州市最闪亮的“名片”、最宝贵的资源。我们要以对历史、对人民、对子孙后代高度负责的态度，以“功成不必在我”的境界，以“不达目的不收兵”的决心，坚持不懈抓治水，科学有效抓治水，用好作风抓治水，坚决打赢“五水共治”这场攻坚战，顺势推进杭州市的经济转型升级和发展方式转变，努力率先走出一条“绿水青山就是金山银山”的科学发展之路。

二、“五水共治”的杭州布局

(一)确定思路，探求治水之路的有效性

“五水共治，政府是关键。”正如浙江省生态文明研究中心首席专家沈满洪所言，“五水共治”不是任何单一的经济主体可以担当的。政府作为主导力量，要以治水公共物品供给者，杭州日报、治水公共事务管理者和治水公共事务代理者的三重身份来发挥作用。治水模式也从单一的工程治水转为工程性治水与制度性治水并重，河道治理转为局域治理与流域治理结合，政府治水转为政府主导与社会、企业、全民治水并重。目前，杭州市各方按照统筹规划、属地治理、断面考核、长远建设与应急处置相结合，减污治污与防污并重等原则，全力推进“五水共治”。

(二)尊重自然，彰显治水之路的科学性

杭州市非常注重将人与自然和谐发展的理念渗透“五水共治”之中，深刻认识到让“高山低头，江河改道”所带来的负面效应，因此充分利用现代科学技术，以崇尚自然、尊重自然为宗旨，主动协调人与水的关系，利用自然，修复自然，维护自然，追求天人合一的境界，力求实现“人与自然和谐共处”。如在对黑臭河道的治理中，除了使用水源保护、截污纳管、清淤疏浚和整治建设等传统手段外，还综合运用水生植物种植、微生物修复等生态治理方法，这些新方法除了起到自然净化水体的作用，还能美化景观，保护生态系统。

(三)治污先行，发挥治水之路的带动性

治污水，百姓能最直接地感受效果，也最能带动全局，最能见效。杭州市绘出了全市“五水共治，治污先行”的路线图，切实按照“时间表”，把治水“作战图”“路线图”不折不扣落到实处。具体措施包括加快城区截污纳管、雨污分流和城镇污水处理设施建设，加强对重点污染企业的整治，打击偷排偷倒、

污染饮用水源等违法行为，强化对农业、养殖业等农村污染的控制，完善河流交界断面水质监测考核体系，持续推进流域环境整治工作。如桐庐县基本“消灭”不能游泳的河流。这是从根本上治理污染，从源头减少河道污染。

（四）五水共治，体现治水之路的系统性

“五水共治”是一个整体，不仅指治污水，还包括防洪水、排涝水、保供水和抓节水。杭州市分类实施强排设施、排涝站等项目建设工作，启动部分低洼易涝地段改造工作，改善群众居住环境；坚持“优水优用”原则，积极谋划千岛湖配水工程，推动各项供水保障工程的建设进度；开展差别化水价实施方案研究工作，着力抓好节水重点环节，形成全社会节约用水的良好氛围。其间的工作方式也从过去“头痛医头、脚痛医脚”中摆脱出来，如采取搬迁工厂企业、建设污水处理厂、控制源头污染物排放和流域上下游联动等办法治污水，努力实现“让广大居民喝得上更干净的水，找得到更多可游泳的河，行走在更多无积水的路上”的综合治理目标。

（五）全民参与，展现治水之路的广阔性

杭州市实施全域治水、全民治水、全程治水，努力营造全社会参与治水的良好氛围，不断将“五水共治”工作引向深入。如设立“民间河长”，加强社会监督，积极发挥公众力量联合治水；充分利用“世界水日”“中国水周”和“城市节水宣传周”等，开展形式多样的节水宣传活动，不断增强全社会节约用水的意识。“三通一达”桐庐籍民营快递企业、中金国际集团等企业分别出资 2000 万元与 1000 万元，发起设立“五水共治”生态公益金，彰显出企业参与治理环境的社会责任感。市治水办建议发动群众参与监督，举报垃圾河，以消除整治死角；建议邀请人大代表、政协委员和民间河长参与黑臭河整治验收监督核查工作，发挥全民监督作用，从而形成“人人关心治水，人人参与治水”的氛围，共同营造人人“亲水、爱水、节水、护水”的社会氛围。

三、“五水共治”的长效机制

（一）以“创新机制”为着力点助推“五水共治”

加快创新驱动，推动形成经济发展和环境保护双赢的机制体制，是当前杭州市水环境保护和治理的必由之策。

1. 建立健全水环境准入倒逼机制

杭州市以打造“美丽中国”先行区为契机，按照空间、总量、项目“三位一体”环境准入制度，实行最严格的水环境监管制度，坚持对环境违法行为“零容忍”。如以纳税工业企业吨排污权指标为主要评价标准进行量化考核，对排名靠后的企业实施强制性整治淘汰，倒逼其转型升级；引导建立水环境第三方监测评估机构，即通过引入独立于被监测企业及环保部门的第三方环境监测机构，以确保数据真实可靠透明。

2. 建立健全水环境责任追溯机制

针对作为准公共产品的水资源的保护和治理，第一要建立环评可追溯制度，切断环评灰色利益链；第二要完善责任追溯制度，切实解决企业本身难以自觉将其环境成本纳入生产成本而导致市场失灵的问题；第三要加大环境考核分量和权重，严格落实环保一票否决制，切实解决地方政府唯 GDP 而对企业排污视而不见的政府失灵问题。当然，实施“大环保”或垂直管理，也会有效解决环保部门长期受制于当地政府的尴尬局面。

3. 建立健全水环境公众参与机制

公众是突发性水环境污染事故的直接受害者。作为政府部门要分区域定期发布而非笼统地公布整体水质信息，以确保公众知情权；要通过咨询、听证、公示等形式让公众参与政策法规的制定，以确保公众参与权；要拓宽公众举报投诉渠道，以确保公众监督权；要让公众明白他们拥有环境产权，如果企业排污则意味着需要承担买单费用，遭受污染损害的公众应有渠道进行诉讼并有资格获得赔偿，以确保公众诉讼权。

4. 建立健全水环境跨界治理机制

林水相依，杭州市“七山一水二分田”的格局特点决定了森林对于治水的重要性。研究表明，1公顷森林土壤能蓄水640—680吨，可见山清才能水秀，治水务必与增绿协调推进。另外，推广低洼绿地作为前期滞水区，不仅实用且可操作性强。朱卫彬于2013年的研究表明，绿地平均深度设置为80毫米—120毫米，可有效降低区域径流深度和径流系数，缓解城市防洪排涝压力。同时，创新农作制度、发展立体生态循环农业，也能有效控制农业面源污染。

5. 建立健全水环境统一管理体制

实行水务一体化管理是世界性的主流管理模式。杭州市在实行水务一体化管理时，要参照北上广等大城市水务改革经验，将涉水管理职能从相关部门中剥离出来，成立水务局，对水资源进行统一管理和配置，变“九龙管水”为“一龙管水”，从而统筹考虑城乡用水，合理调配地上地下用水，在防洪、排涝、蓄水、供水、用水、节水、污水处理及回用等方面实行水务一体化管理，为实现水资源的可持续利用提供体制保障。

（二）以“流域规划”为立足点引领“五水共治”

杭州市可通过流域规划引领，以环境容量为依据，进一步优化产业布局，促进产业转型升级，强化对水环境的保护和治理。

1. 强化规划目标长期性

变专项规划为综合性规划，制定水环境保护和治理中长期规划，分步实施，分类施策，并强化分步目标在每5年编制的城市总体发展规划中所占的分量，严格以环境容量为基础谋划城市发展和产业布局，变“杭州市国民经济和社会发展规划”为“杭州市国民经济、社会发展与环境保护规划”，以充分体现党的十八大提出的“五位一体”战略新布局。同时，进一步强化对项目的前期谋划，开辟“绿色通道”，提高项目审批效率。

2. 强化规划利益均衡性

由于水环境保护和治理的流域特征相当明显，规划的制定要综合考虑各种因素，将水量分配与利用和水质保护、水生态系统维护结合起来。目前，杭州境内的两大流域分别由浙江省钱塘江管理局和水利部太湖流域管理局管理，这样做在管理机构层面上还算顺畅，但在管理职能上只能依靠当地政府和部门，即跨流域跨部门处理水污染事件。然在执行中存在很大问题，因此亟待出台相应的补偿或救济政策来明确不同管辖区各方的利益和责任，以期实现多方共赢。

3. 强化规划主体协调性

杭州市借鉴了太湖流域管理局在编制水功能区划时协调两省一市（苏浙沪）地方政府和水利、环保两部门联合拟定的经验，强化水环境保护和治理规划的主体协调性。在产业布局上，杭州市要协同各地调整现有及规划的产业集聚区，助推产业结构调整，明确产业准入限制；在环境监测上，杭州市要协同设置监测设施，避免水利和环保部门重复配置基础监测设施而造成的浪费；在项目落实上，杭州市要协同处置水污染，修复水生态，恢复水景观，保障水安全。

（三）以“公众参与”为突破口促进“吾水共治”

水环境治理是一个复杂的系统工程，社会公众参与是环境公共治理发展的必然要求。中国河流保护的未来就在于更多的公众“河长”、民间“河长”的涌现。公众，必将是最好的河长。

1. 铭记“民间河长”的杭州故事

贴沙河是古杭城的一条护城河，与钱塘江连通，水质清澈，一直以来是杭州人的备用水源。为了保证水质，禁止在贴沙河垂钓和游泳。由于钱塘江定时向贴沙河内注水，贴沙河内鱼类品种众多，垂钓屡禁不止，甚至还有人用拦网捕鱼，用电瓶电鱼。早在 2009 年，为了保护贴沙河的水质，刀茅巷社区就成立了文明劝导队，队员们每天自发地沿河岸向市民宣传环境保护知识，及时阻止污染河水、毁灭性捕鱼等不文明行为。队员们没有报酬，凭的是一份热心，他们爱护河道、珍惜水环境的理念感动了很多人，使越来越多的人主动参与到对贴沙河水环境的保护行动中来，逐渐形成较为固定的50多人的“长春护河队”，他们被居民亲切地称为“民间河长”。

2. 珍视“民间河长”的治水情结

身在江南水乡，每个人的记忆中都有“家门前的那条河”，每条河都牵动着难舍的乡情。多位“民间河长”表示，已经做好长期、不间断监督身边河道整治的准备，尽其所能的背后有着许多治水情结：思念清澈见底的红建河。66岁的何炳树一直傍着红建河而居。在老何小的时候，红建河清澈见底，沿河居民不仅在河里盥洗、钓鱼，连饮用水也取自河中。20世纪70年代中后期，随着河边的工厂多起来，红建河的河水变了颜色，味道也变了，现在再也没有人敢在河里洗东西了。每到6月汛期时，沿河居民就担惊受怕，因为河面总会上涨，那又黑又臭的水就会漫到家中。对于应征“民间河长”，老何说主要是他看到了政府大力治水的决心，而且他现在的时间很充裕，相信自己能够尽好监督的职责。

3. 继续“民间河长”的实践探索

“民间河长”是寻求水污染治理困境的新模式，这是杭州市政府治理理念的升华，更是时代共治发展的必然要求。从“河长制”到“民间河长”的积极探索，凝结着杭州市“五水共治”的政策智慧。杭州市在进行“民间河长”的实践探索中，治理追求的目标由传统的“善政”向一种良好的治理即“善治”转变，并由单纯地追求效率转向实现公共利益最大化，“五水共治”转向“吾水共治”，可见，“民间河长”形成了环境保护治理的合力，提高了环境公共治理的绩效，使政府与市民社会之间形成了一种更为有效和良性的互动关系，同时促进了现代社会治理理念的深化和进步。综上所述，可知唯有通过“民间河长”，形成全社会参与环境管理的机制，才能建立可持续发展的环境治理制度。

第三部分 “配水工程”的开启

一、“五水共治”的期盼要求

作为一个江、河、湖、海、溪“五水共导”的“山水园林城市”，杭州市的水，为它构筑了一道闻名于世的亮丽风景线，涵养了它独有的历史底蕴和精神气质。当前，建设山清水秀、天蓝地净的城市环境已成为杭州市民的共同期待，可以说“五水共治”这一项系统工程和社会聚焦工程，蕴藏着市民的期盼与要求。

（一）科学性要求

要真正达到预期的目标和治理效果，科学治水是关键。结合浙江省经济社会发展规划，杭州市要将“五水共治”与城镇化、“美丽乡村”建设有机结合，做好“五水共治”的长期规划，就特别要借鉴国外的先进经验，高起点规划建设城市、乡镇的管网系统，实现自动控制，便于维修管理；或改造城市地下管网系统，使其能排涝水，并防止污水渗漏及饮用水管道污染。“五水共治”有重点有先后，但不可偏废，更不能顾此失彼。其中的重点工程要规划、要上马，背街小巷、边远村落的整治末端也同样重要。在治理时，既要有追求生活品质的锦上添花，更要有惠及市民的生活污水处理设施与污水管网改造，从而在治理中促进城乡统筹发展。

（二）协同性要求

“治污水”，问题在河里，根源在岸上。“治水”——提升河道水质只是治标，“治岸”——治理污染源，推进产业转型升级才是治本，只有“水岸同治”，才能标本兼治。一方面，继续加强水质监测，强化对行政交界断面和出境断面的监管,确保水质稳定达标。另一方面,继续加强对污染源头的控制和治理力度,加大污染减排和“腾笼换鸟”工作力度,有序推进截污纳管工程和涉水重污染行业整治步伐,建立健全畜禽禁养长效机制。与此同时,加快推进集镇和城区污水处理管网建设步伐,确保农村生活污水处理设施切实做到全覆盖,从而提升污水处理水平。

(三)环保性要求

冰冻三尺非一日之寒。臭水河道河床抬高,淤泥物沉淀深厚,时日久长,有着不同程度的污染,因此杭州市务必加强环境监测,特别是对水、土壤及周边环境加大监测力度,增多监测频次,高标准规划与选择淤泥物堆放消纳场所,坚决防止污染二次扩散。在“五水共治”综合治理的过程中,杭州市首先应消减工业污染源,包括实行产业转型升级,实施清洁生产,坚决关停高污染企业及行业。其次,要控制城镇面源(阳台洗衣、垃圾堆放淋溶)。然后,要控制农业及农村面源(水产养殖,禽畜养殖,过度使用化肥、农药等)等。最后,提高污水处理效率,包括提高废污水处理技术水平及污水治理设施的运行效率。

(四)全民性要求

“五水共治”,惠及全体杭州市民,当然少不了全体市民的参与和担当。加强宣传,营造全民参与氛围是关键;需要提高全民的环保意识,减少城镇面源、农业面源;向全社会公开环境信息,接受公众监督;针对薄弱环节,加强管理,如流动人口,他们大多租住在农居房,人口高度密集,生活设施等长期处于严重超负荷运行的状态,难以自然消化、降解与吸纳污染物,因此,需要引导他们尽快融入杭州,形成治水合力。

(五)长期性要求

治水是一项复杂的系统工程,从发达国家的治理过程可知,水生态系统的修复不是一朝一夕可以见效的,它需要十几年甚至几十年,具有长期性、复杂性等特点。“五水共治”行动声势浩大，民众的期望也高，但治理过程本身有其规律，需按客观规律办事，否则欲速则不达。这就要求职能部门适时公开进度与信息，解答民众的咨询与疑惑，多沟通，多交流，公开透明，让民众知情、放心。

二、“五水共治”的政策措施

（一）科学规划，制订“五水共治”的长远规划

在宏观上，政府必须坚持统筹规划流域与区域、城市与农村河道的治理保护，统筹规划各类河道的防洪与排涝、水生态修复与环境景观功能营造，统筹考虑各地水资源供给与水安全保证的综合需求。同时，政府要结合杭州市实际科学规划，注重工程建设质量，建立长效管理机制，防止出现重建设轻管理等现象；立足长远，正如市民所言，如果政府真能下狠心和决心，就一定能抓好治水；切不可雷声大雨点小，今年抓了管了，明年后年就松懈了，没有长期坚持，还是老样子。在操作上，政府应在充分调研河道水体本底现状的基础上，遵循自然、生态与经济规律，充分考虑水资源和水环境的承载能力，充分利用现代工程技术、生态技术，设计出针对性强、效果佳的治理方案；严格按照市政规划设计标准进行设计和施工，防止出现管网系统不配套等问题，只有明确管理责任，加强源头治理，才能真正有成效；强化责任落实，整合全社会资源，加大铁腕整治力度，坚持长期有效开展治理工作。

（二）标本兼治，落实“五水共治”的长效机制

政府应坚持依法治污，集中力量消灭一批群众反映强烈的黑臭河、垃圾河，加强对工业污水的管治和生活垃圾的收集处理，加大执法力度，对偷排偷倒的行为进行严厉打击；建立长效管护机制，落实多级管护体系，完善“河长制”和“分段长制”，建立河道专项管护基金和长效保洁机制，定期进行河道巡查，及时发现问题；加快重点项目建设进度，加快老城区污水管网提升改造和

污水处理设施建设进度。标本兼治是有效控制河道污染的根本。大部分河道水质恶化的主要原因是沿线点源和面源的排入。因此，河道整治首要措施应是减少陆上污染源和截污纳管，有效降低入河污染物量。若治标不治本，不断流入的污水，会使水生动植物难以存活，且无法恢复和构建良好的水生态系统，这样就会大大降低生态治理的效果。如英国的泰晤士河第一阶段治污就是因为截污不到位而失败的。当前，在完善城镇截污纳管、污水处理等环境基础设施的同时，特别要强化对农村生活污水治理的长效管理，防止“晒太阳”工程；要大力发展绿色循环低碳产业，从源头和生产过程中抑制污染的产生，使资源的高效循环利用最大化，污染物排放量最小化，倒逼经济转型升级和落后产能的淘汰。

（三）强化宣传，扩大“五水共治”的市民参与规模

治水工程涉及面广，政府部门集中力量建好后的后续管理任务更繁重，此时应发挥社会力量，实现市民参与的愿望。“民间河长”“民情观察员”就是植根于民间的信息情报员，职能部门应对他们加强引导，发挥好、整合好、协调好他们的力量，激发他们的潜能，以期收到事半功倍的效果。同时，政府应加大宣传力度，积极宣传治水工作、普及治水知识，使治水行动家喻户晓，形成全民治水的社会氛围；积极倡导从我做起，做到人人参与，从小事做起，从现在做起；大力开展志愿者活动，积极为“五水共治”献计献策、出资出力，组织各类志愿者服务活动，领导干部尤其要起到带头作用；将成熟的管理办法上升为法规，修改和完善乡规民约，并制定治水管水制度乃至上升为法规，做到有章、有规、有法可依。

（四）加强监督，强化“五水共治”的成果管理

强化成果管理就是要保持治理实效。一是有序推进。治水已经全面开展并取得阶段性成果后，职能部门要做好后续工作，责无旁贷。二是确保规范。首先，工程本身是规范的，有设计论证，有资金保障，有工期要求，有目标预期，有招标流程，等等；其次，施工过程是规范的，要执行好相关制度和遵守

好相关工作纪律。三是加强媒体曝光。通过新闻媒体、村（社区）橱窗曝光等方式，把排污企业、黑河道点出来，请群众监督。四是实施有奖举报。建立有奖举报制度，鼓励群众投诉举报，相关部门对群众反映的线索及时进行查处，严惩违法者，重奖举报者。五是公开信息。要把"五水共治"捐助款的使用情况向社会各界公布，要让这笔钱真正发挥效益，同时要及时公开"五水共治"重点工程建设进展情况，以实际行动取信于民。

（五）问绩于民，畅通"五水共治"的信息渠道

民生工程，民众优先拥有话语权。问情于民，决策层才能真正了解"五水共治"的现状与动态，掌握实情，把握节奏；问需于民，深谙民众的所需所求所盼，相关人员在工程的建设中才能做到急民众所急想民众所想，才能真正办实事，为民谋福祉；问计于民，才能发掘民众蕴藏着的有关治理的智慧富矿；针对上述情况，我们问绩于民，民众最有发言权。建议一：开通"五水共治"公共咨询平台，鼓励市民建言献策，赋予民众知情权、表达权、监督权、建议权，畅通民众的信息表达渠道。建议二：邀请由"两代表一委员"、社会知名人士、市民代表等组成的检查组进行"五水共治"专项视察指导；建议三：职能部门要定期公布"五水共治"信息，接受社会监督。

三、"配水工程"的战略实施

在"五水共治"的宏大战略下，千岛湖配水工程的争论终于有了定论。

（一）正式出现在市政府工作报告

2015 年 2 月 10 日，开工建设千岛湖配水工程正式出现在浙江省杭州市政府工作报告中。

时任杭州市代市长张鸿铭在杭州市第十二届人民代表大会第四次会议上做政府工作报告时表示，在保饮水上，要强化对水源保护区的环境治理，开工建设千岛湖配水工程。

张鸿铭强调，宁可经济增长放慢一点，也要下最大的决心，花最大的力气，打好环境治理攻坚战，保卫好共同的家园。他介绍，2014 年要打好“五水共治”攻坚战，其中要加快实施治水“三年行动计划”。在治污水上，全面推行“河长制”，加快大市政管网、泵站和五县(市)污水处理厂建设进度，实现市区雨污管网全覆盖，全面消灭市区垃圾河，全面治理黑臭河，深化农村河道清理，推进农村生活污水处理全覆盖；在排涝水上，改建、续建、新建五堡排灌站、钱江水利枢纽等防洪排涝工程；在防洪水上，加固海塘建设，提高防洪(潮)设计标准为 100 年一遇，实施东苕溪防洪加固工程，除险加固小型水库 27 座和万平方米以上山塘 159 座；在保饮水上，强化对水源保护区的环境治理，加快实施九溪、赤山埠和祥符水厂的技术改造工作，推进湘湖、三白潭等应急水源工程建设；在抓节水上，运用经济杠杆，推进生活和生产节水，建成节水型居民小区 10 个，实现万元 GDP 用水量降低 5%以上。

(二)工程加速完成审批程序

2014 年 3 月 7 日，浙江省发展和改革委员会批复同意了千岛湖配水工程的项目建议书，这意味着这项庞大而重要的水利工程拿到了“准生证”。

2014 年 3 月 10 日，杭州市人民政府办公厅出台了《杭州市防洪水保饮水三年行动计划(2014—2016 年)》，“建成城市应急备用水源工程”便是行动计划将要实现的目标之一。

2014 年 3 月 12 日，千岛湖配水工程开始环境影响评价的第一次公示。工程输水线路总长达 111 千米。为了保证水质安全，一路的输水隧洞全都采用钢筋混凝土衬护。千岛湖配水工程供水范围为杭州市区(杭州主城区、萧山区和余杭区东苕溪以东平原地区)及工程沿线的建德、桐庐、富阳的部分区域。同时，按照项目建议书的描述，千岛湖配水工程将以“大分质供水”为基础，以居民生活为主要供水对象，一般工业将利用当地水。

工程建成后，杭州市区将形成以千岛湖为主，钱塘江、东苕溪为辅的多水源供水格局。

（三）召开工程建设动员大会

2014年11月28日，杭州市召开第二水源千岛湖配水工程建设动员会。原浙江省委常委、杭州市委书记龚正强调，实施千岛湖配水供水一体化工程，事关民生改善，事关杭州市的长远发展。全市各地各部门和广大党员干部要切实增强大局意识、法治意识、精品意识，坚决贯彻落实省委、省政府和市委、市政府的决策部署，齐心协力、全力以赴推进，确保工程能够经得起历史检验、对得起千岛湖一湖绿水，成为一项造福百姓、不留遗憾的民心工程。

龚正指出，千岛湖配水供水一体化工程是一项保障城市供水安全、提升城市饮用水水质的重大民生工程，是一项推进“五水共治”、优化水资源配置的重大水利工程，是一项省市经过长期科学论证、在充分发挥民主基础上做出的重大决策。实施千岛湖配水供水一体化工程，从水源地建设来看，不是替代而是合理优化；从对生态环境的影响来看，不是一点没有但完全可控；从工程的性质来看，不是完全的市场行为而是准公益项目；从水资源利用来看，不是全面供水而是分质供水。全市各级各部门要从全局和战略的高度看待千岛湖配水供水一体化工程，牢固树立“全市一盘棋”的大局观念，严格纪律要求，合力合拍推进，确保工程起好步、行得稳、早日建成并发挥作用。

龚正强调，要深入学习贯彻党的十八届四中全会精神，切实增强法治意识，把法治的思维、方法、要求落实到“五水共治”等各项工作中，体现在实施千岛湖配水供水一体化工程等具体实践中，既依法依规做好工程推进各项工作，确保合法合规，又善于运用法治思维和法治方式统筹社会力量、化解社会矛盾、维护社会稳定，做细做实群众工作，确保工程依法有序推进，真正把好事办好、把实事办实。

龚正强调，千岛湖配水工程战线长、难度大、工期长、政策处理复杂，全市上下要切实增强精品意识、细节意识，切实按照“能够经得起历史检验、不留遗憾”的要求，把高标准规划、高水平建设、高效能管理各项措施落实到位，全力打造精品工程；要始终坚持质量至上，从严落实勘察、设计、建设、施工、监理五大主体责任，确保设计、施工、管理每一个环节都做到精致精细精心；要始终坚持安全第一，严格落实安全生产责任制，把安全管理贯穿于施工建设的各环节、全过程；要始终坚持高效廉洁，认真落实工程投资建设的廉政风险防控和审计监督等各项措施，以好的作风推进工程建设各项工作；要始终坚持统筹推进，加强指挥协调，使工程按“作战图”“时间表”有序推进。

会上，原杭州市委副书记、市长张鸿铭代表市政府与沿线区、县(市)签订责任状。

参考文献

[1] 孟范例．追根溯源说“河长”[J]．环境教育，2010(5)：1．

[2] 冯永锋．“河长”在民间[J]．环境保护，2009(9)：30-32．

[3] 王书明，蔡萌萌．基于新制度经济学视角的“河长制”评析[J]．中国人口·资源与环境，2011(9)：8-13．

[4] 靳博．天津市在全境推行河长制“河长”能否让河流“长治”[N]．人民日报，2013-10-21(6)．

[5] 朱卫彬．“河长制”在水环境治理中的效用探析[N]．江苏水利，2013(1)：7-8．

[6] 王健．水资源保护与水污染防治法律制度的协调性研究[J]．中南大学学报(社会科学版)，2012(6)：89-93．

[7] 王资峰．中国流域水环境管理机构演变论析[J]．云南行政学院学报，2012(6)：85-89．

[8] 马涛，翁晨艳．城市水环境治理绩效评估的实证研究[J]．生态经济，2011(6)：24-26．

[9] 雷静，张琳，黄站峰．长江流域水资源开发利用率初步研究[J]．人民长江，2010(3)：11-14．

[10] 蔡剑波，林宁，杜小松，等．低洼绿地对降低城市径流深度、径流系数的效果分析[J]．城市道桥与防洪，2011(6)：119-122．

[11] 刘佳奇．协调与整合：论环境规划的法律规制[J]．河北法学，2013(6)：165-171．

[12] 史春．“河长制”真能实现“河长治”吗[J]．环境教育，2013(11)：63-64．

[13] 李朝智．重大决策的创新源于领导决策思维的突破：昆明市治污理念发展与“河长制”的启示[J]．领导科学，2010(34)：41-43．

[14] 王灿发．地方人民政府对辖区内水环境质量负责的具体形式——“河长

制”的法律解读[J].环境保护,2009(5A):20-21.

[15] 谭湘萍.“五水共治”,科学治水是关键[J].杭州(周刊),2014(6):20-21.

[16] 投身“五水共治”共建美丽富阳——富阳市“五水共治”民意调查报告[R].

[17] 余杭区“五水共治”民意问卷调查报告.

[18] 潘桐.大城市实施分质供水的必要性和可行性——以天津市为例[J].地质调查与研究,2004,27(3):184-189.

[19] 王金亭.城市供水存在的问题及对策探析[J].中国水利,2005(11):21-22.

[20] 李田.分质供水与城市的可持续发展浅议[C].中国土木工程学会水工业分会给水委员会第八次年会,2001.

[21] 刘遂庆,郑小明.供水管网现代理论与工程技术论文集[M].北京:中国建筑工业出版社,2007.

后　记

杭商是与杭州城市创业文化呈现高度相关的商帮群体，是杭州籍在杭州创业、杭州籍在外地创业、外地籍在杭州创业三类群体的总称。2009 年，在首届杭商大会上，杭州市委、市政府做出了研究杭商现象、树立杭商品牌的重要战略部署。2014 年 10 月，以“凝聚杭商力量 共促杭州发展”为主题的世界杭商大会隆重召开，杭州市委、市政府要求，进一步整合海内外杭商资源，凝聚海内外杭商力量，促进海内外杭商合作交流，引导海内外杭商共同参与杭州市的发展与建设，为实现杭州市新一轮科学发展、转型发展增添新动力。

杭州市社会科学院杭商研究中心自 2009 年开始进行杭商系列研究，并牵头负责杭商研究丛书的编撰工作。本书为丛书之一，是继《杭商与杭州经济竞争力》《三镇三谷　智慧版图》《新兴杭商》等之后的第 12 本著作。

本书是杭州市社会科学院承担的课题研究成果，在此，向参与撰写的同仁表示诚挚感谢！

杭州市第二水源千岛湖配水工程论证的生动实践为本书提供了鲜活的素材，政府、学界们的创新探索、真知灼见增添了本书的特色，政府积极主导的“五水共治”政策极大地丰富了本书的内容。在课题研究过程中，杭州市林水局、浙江水利水电勘测设计研究院等领导给予了极大的关注，杭州水务集团、杭州公共事业管理中心、工程沿线各政府部门等给予了极大的帮助与支持。在此，谨表谢意！

同时，衷心感谢杭州市社会科学院卓超院长、周膺副院长、张旭东副院长、朱学路副院长、孙璐副院长等领导在本书撰写过程中给予的支持，感谢浙江工商大学出版社对本书的出版提供的帮助，感谢所有关心杭商、支持杭商、研究杭商的人！

周旭霞

2019 年 3 月于杭州